城市洪涝信息监测预警及应急管理

张利茹　李辉　韩继伟　史占红 等　著

中国水利水电出版社
www.waterpub.com.cn
·北京·

内 容 提 要

本书通过收集国内外城市洪涝信息监测现状情况，深入总结国内外洪涝信息监测技术的研究现状，剖析不同城镇化阶段城市洪涝信息监测的影响因素以及信息监测技术存在的问题，分析城镇化发展对我国典型城市洪涝信息监测的影响及新的挑战，建立基于物联网的城市洪涝监测系统成为可能，使监测技术向着智能化、智慧化管理方向发展，这是城市水文监测技术发展中的一项重大突破，也是未来城市洪涝信息监测技术发展的必然趋势。

本书适合水文、水资源、气象等相关专业的科研人员和高等院校师生参考使用。

图书在版编目（CIP）数据

城市洪涝信息监测预警及应急管理 / 张利茹等著
. -- 北京 : 中国水利水电出版社，2022.12
ISBN 978-7-5226-1317-8

Ⅰ．①城… Ⅱ．①张… Ⅲ．①城市－水灾－监测预报
－研究②城市－水灾－灾害防治－研究 Ⅳ.
①P426.616

中国国家版本馆CIP数据核字(2023)第008295号

书 名	城市洪涝信息监测预警及应急管理 CHENGSHI HONGLAO XINXI JIANCE YUJING JI YINGJI GUANLI
作 者	张利茹 李辉 韩继伟 史占红 等 著
出版发行	中国水利水电出版社 （北京市海淀区玉渊潭南路 1 号 D 座　100038） 网址：www.waterpub.com.cn E-mail：sales@mwr.gov.cn 电话：（010）68545888（营销中心）
经 售	北京科水图书销售有限公司 电话：（010）68545874、63202643 全国各地新华书店和相关出版物销售网点
排 版	中国水利水电出版社微机排版中心
印 刷	天津嘉恒印务有限公司
规 格	170mm×240mm　16 开本　10 印张　174 千字
版 次	2022 年 12 月第 1 版　2022 年 12 月第 1 次印刷
定 价	68.00 元

前　言

在全球气候变化与快速城镇化的背景下，受近年来城建区域不断扩张、不透水面积增加、排水系统建设等一系列因素影响，城市地区水文特征发生了极大转变。随着城市人口、资产密度的不断提高，相同规模城市洪涝灾害下，造成的灾害损失明显加大，迫切需要更多的信息来应对城市洪涝和供水安全，提高水文监测、预警和应对突发事故的能力。随着"十四五"时期全面开启建设社会主义现代化国家新征程，水利部强调要认真贯彻落实党的十九届五中全会和习近平总书记关于治水工作重要讲话和主要指示批示精神，要强化预报、预警、预演、预案"四预"措施，加强实时雨水情信息的监测和分析研判，更需要加强洪涝信息的监测技术研究，全面推进建立"空天地"一体化监测系统，建设数字流域，以便更好地推动新阶段水利高质量发展。

全书共分7章，第1章绪论，主要介绍研究的背景和科学意义，国内外相关研究现状和本书的主要内容；第2章介绍国内外城市洪涝信息监测技术现状；第3章介绍我国典型城市洪涝信息监测技术现状、影响因素及信息监测技术存在问题；第4章介绍城镇化发展历程、洪涝信息监测影响因素、国内城市洪涝信息监测技术存在的短板等，分析城镇化发展对我国典型城市洪涝信息监测的影响，提出解决城市洪涝灾害的对策；第5章介绍了近年来洪涝信息监测采用的新技术、水文监测自动化发展趋势及新技术在水文监测中的典型应用案例；第6章介绍了城市暴雨洪涝预报预警技术及洪涝应急管理；第7章系统概括主要研究结论和对策建议，并提出未来需要进一步加强调查研究的科学问题。

本书各章节内容编写分工如下：韩继伟、戴佳琦参与编写了第2章、第3章，史占红、张卫、孙奕参与编写了第3章、第4章，杜红娟参与编写了第5章，李辉、金有杰参与编写了第6章，董万钧参与编写了第1章和第7章，张利茹参与编写了第1章～3章、第5章～7章。张利茹对全书进行了统稿和核校工作。全书由邵军和唐跃平审查。在此对所有为本书出版做出贡献的同事和朋友们致以衷心的感谢。

在本书相关项目执行和编写过程中，自始至终得到了水利部南京水利水文自动化研究所的大力支持，得到了南京水利科学研究院、北京市防汛办公室、北京市水文总站、北京市排水集团、上海市水文总站、上海市河道排水管理处、南京市城区防汛指挥部、济南市城区水文局、济南市防汛办公室、济南市政公用事业局、苏州市水利局、苏州市河道管理处、沈阳市水文水资源勘测局、沈阳市城建局、沈阳市排水管理处、湖北省水文局、武汉市水文局、武汉市水务局、武汉市排水处、大连市排水管理处等单位、专家的大力支持，在此表示诚挚的谢意！

随着国家应急管理体系向智慧化智能化方向转变，变化条件下城市洪涝信息"天空地"立体监测及预警预报技术仍是未来研究的热点和难点，需要进一步深入研究。鉴于本书在组稿、编辑、出版过程中，时间仓促，作者水平所限，书中难免存在不妥之处，敬请广大读者批评指正。

作者

2022 年 5 月

目　录

第1章 绪 论

1.1 研究背景和科学意义

城市化是现代社会的发展象征，但同时城市对灾害的影响也呈现出日益"脆弱"的趋向。近年来，受城市热岛、极端天气的影响，台风、暴雨，特别是局地强暴雨时有发生，城市防洪的薄弱性和脆弱性随之暴露了出来，北京、上海、广州、重庆等大城市暴雨水灾发生的频率非常之高，有些是连年受灾。像北京继 2011 年 6 月 23 日的暴雨之后，2012 年 7 月 21 日又发生了历史罕见的特大暴雨，造了重大人员伤亡和严重经济损失（张建云，2012；吕兰军，2013）。城市洪涝容易引发严重的城市道路积水，城市道路下立交、下穿地道、铁路、人行涵洞由于地势低洼，积水尤为严重。道路及下立交积水发生时，车辆行人受困，甚至造成了严重的人员伤亡事故。像北京"7·21"特大暴雨，导致北京受灾面积达 16000km²，受灾人口 190 万人。全市主要积水道路 63 处，积水 30cm 以上路段 30 处，城区 95 处道路因积水断路，几百辆汽车损失严重。暴雨共造成全市 79 人死亡，经济损失近百亿元。2014 年 7 月 17 日北京再遭暴雨袭击，海淀区田村东路的铁道桥下积水超过 2m，18 辆车被淹。2014 年 8 月 19 日，广州突降暴雨，城区多处内涝，积水造成多条主要路段交通几近瘫痪，积水导致白云区棠乐路京广铁路涵洞一辆小车被水淹没，造成 5 个大人和 2 个小孩溺水死亡的严重事故。2021 年我国暴雨洪涝灾害多发频发，暴雨洪涝在全国十大自然灾害占据前四。其中，河南郑州、山西平遥等多地遭遇极端性持续强降雨或特大暴雨的袭击。在强暴雨中城市下立交最易受灾和发生事故，城市道路下立交所带来的"逢暴雨必积水"问题受到极大关注，城市内涝等自然灾害给特大城市管理敲响了警钟。因此，如何有效应对城市洪涝灾害，是摆在人们面前亟待解决的问题。

城市水文监测作为城市水文工作的基础，是我国社会发展中必不可少的组成部分，水文监测工作水平的提升对我国的发展具有深远的意义。只有做到正确高效的水文监测，具备完善的水文资料，保证监测数据的质量，才能够对当地的经济以及社会的发展起到积极的推动作用。因此，在当前我国城市水文监测工作中存在着诸多不足的情况下，管理者需要对这些存在的问题进行分析，并找到相应的解决对策，从而保证城市水文监测数据的可靠性，以便更好地服务于城市洪涝的早期监测和预警，进而为城市的防汛和应急抢险提供技术支撑。

1.2　国内外研究现状

1.2.1　城市洪涝信息监测现状

城市水文观测系统在西方发达国家研究起步较早，技术也比较成熟，最常见的是发达国家正在使用的比较典型的两种设备系统，即城市（小流域）水文测验常规系统和美国地质调查局城市水文监测系统（UHMS）（拜存有等，2009；王文鑫等，2016）。

我国在城市水文监测应用研究领域起步晚，而关于城市洪涝信息监测技术方面的研究大多来源于自然环境下的水文监测技术。这些技术应用于城市环境，其适用条件发生变化，测报规律和应用要求也不同于自然野外环境。

目前，我国城市水文监测系统最主要的作用是对当地降雨的监测和监控，以及负责城市周围江河流量的监控，最终目的是预防城市的内涝问题。城市的防洪是作为城市周边江河流域防洪任务的重要一部分。所谓流域降雨量是指在超过城市流域面之上的较为均衡的降雨量，同时也包括城市之内的平均降雨量。就目前我国的降雨情况来看，我国在中东部地区的降雨监测站已经初具规模，基本达到了国家的标准规范，但在城市区域内，对于降雨监测所需的监测站还略显不足。另外，城市化后的又一重要影响是城市热岛和城市雨岛效应的存在。城市热岛效应的存在，使在城市区域内能发现降雨分布不均匀的现象，为监测此现象的发生，可以采取增加监测站的数量来解决，增大监测站网的监测密度，对降雨分布不均匀的现象将有很大的缓解。城市内涝问题更是工作的重点，要想全面地开展好这一工作，需要政府相关部门相互合作，互相配合，但在实际执行过程中，仍然面临着很多的难题，例如，水文相关部门投入的技术力量过少，没有全面系统地分析防洪应遵循的原则，对防洪的重点也不明确，因此，技术部门要全面分析研讨，高度重视，建立一套完善的城区降雨、内涝点的监测网，在城区内的主要低洼点，尽量多布置监测点，城区一旦发现内涝现象，其相关部门要在第一时间安排专业人员进行水位监测，以便及时掌握内涝程度，在排水监测时，要明确城区的排水量大小，排水能力的强弱，并做好数据的归纳统计，为以后的城市内涝问题提供依据和做出有效的预测。

1.2.2 城市暴雨预报技术现状

近年来，在我国城市中发生的短历时、高强度降水，经常致灾。暴雨是引发城市洪涝的主要致灾因子，局部暴雨成因复杂，主要受冷暖空气作用和大气环流变化影响。持续性、区域性暴雨和强对流天气导致的强降水都可以导致不同程度的城市暴雨洪涝。有效的定量降水预报能最大限度地减少区域性暴雨带来的经济损失和人员伤亡，因而提高定量降水预报的精细化程度和准确率、延长预报时效、做好气象灾害预警是应对区域性暴雨致灾的基础工作和重要手段。

目前，天气预报已进入数值预报时代，为了提高天气预报的准确率，普遍认为首先应提高数值预报的能力。然而，暴雨预报的实践表明，暴雨预报仅靠数值预报尚不能达到预期，尤其是对突发性和持续性暴雨的预报无论在时间上、地点上以及量值上都很难达到社会和公众需求，例如，中央气象台预报员的统计表明，大雨以及以上量级的降水预报，预报员的预报比各种数值预报模式的预报具有更高的技巧。这表明天气预报，尤其是暴雨预报并不能完全依赖数值预报，必须同时发挥预报员的作用。也就是说通过预报员掌握的天气与气候的理论知识、经验、资料与信息和其他预报方法应对数值预报的结果进行有效的订正，甚至在必要时进行更改，最后确定更可能符合实际的预报结果。同时这种订正过程也能自觉地增强预报的信心和决策能力。实际上这正是过去提出的人-机对话预报方式在近代天气预报的发展。也就是说，数值预报加预报员订正的半理论半经验方法是天气预报和暴雨中、短期预报在未来相当长一段时期内的主要预报方法，数值天气预报仍然是暴雨预报的主要依据（丁一汇等，2009）。

1.2.3 我国城市洪涝应急管理现状

1.2.3.1 我国城市防洪减灾事业的进展

1949年以来，我国城市防洪减灾事业持续发展，经历了以中央政府为主导时期（1949—1978 年）、以水利部门为主导时期（1978—1998 年）和以流域防洪与区域防洪排涝相结合的逐步规范时期（1998 年至今）三个阶段。

国家防汛抗旱总指挥部、各地方人民政府及有关部门积极贯彻党中央、国务院相关文件和会议精神，从各个层面推进城市防洪减灾工作（赵璞等，2016）。

（1）防洪减灾管理体制不断完善。建立了以市长为核心的城市防汛指挥机构，落实了各有关部门防汛职责，强化了防灾设施建设、度汛准备、减灾调度、应急处置等各个层面防汛责任制度。城市本级及下辖区（县）政府防汛组织机构得到完善，部分城市还专门建立了城区防洪排涝指挥部，一些城市将防汛组织延伸到街道、社区居委会、企事业单位，上下联动、部门配合、军民联防、群策群防的防汛组织体制正逐步完善。

（2）防洪防涝规划体系初步建立。近年来，水利部、住房和城乡建设部等部门加强了对城市防洪减灾体系建设的规划指导。2011 年水利部印发了《加强城市防洪规划工作的指导意见》；2013 年住房和城乡建设部印发了《城市排水（雨水）防涝综合规划编制大纲》；2016 年水利部批准实施了《治涝标准》（SL 723—2016），对城市、乡镇、工矿企业排水除涝提出了治理标准。各地城市结合实际、因地制宜，在现有城市防洪防涝设施基础上，修订完善防洪防涝规划，基本形成了完善的城市防洪防涝规划体系。

（3）防洪防涝基础建设不断加强。据统计，全国有 315 座城市达到国家规定的防洪标准，占有防洪任务城市总数的 53.3%；建成城市防洪堤防 3.4 万 km；建成城市排水管网 51.1 万 km。2015 年，财政部、住房和城乡建设部、水利部联合启动了海绵城市建设试点工作，旨在打造自然积存、自然渗透、自然净化的"海绵城市"。各试点城市统筹洪水防御、城市排涝、市政建设、环境整治、水生态保护与修复、城市水文化等需要，加快推进新一轮城市防灾减灾设施建设。

（4）防洪减灾预案体系不断完善。2015 年，国家防汛抗旱总指挥部印发了《城市防洪应急预案管理办法》，要求加强城市防洪应急预案规范化管理，提高城市防洪应急预案的科学性、实用性和可操作性。各地按照管理办法要求，广泛开展了城市防洪应急预案编制、修订工作，目前有防洪任务的城市都编制了城市防洪应急预案，大部分城市初步建立起了覆盖社区、企事业单位的全方位预案体系。一些城市针对下凹式立交桥、排水泵站等重点部位逐一制订应急预案，提高了预案的针对性和可操作性，取得了很多宝贵经验。

（5）城市防洪防涝信息化建设不断突破。近年来，各地整合山洪灾害治理非工程措施、国家防汛抗旱指挥系统等项目建设成果，因地制宜、结合实际，开发应用了城市防汛指挥调度系统和城市内涝预警系统，提升了城市防洪防涝应急指挥调度效率。与此同时，各地积极整合相关部门现有资源，努力实现城市防洪排涝指挥调度平台互通、信息共享。部分城市实现了防汛信息平台与气象信息、市政管理信息、交通视频监控信息等的联通；一些城市将防汛指挥系统与解放军预备役应急分队指挥系统、交警指挥系统连接，实现应急指挥通信互联互通。

1.2.3.2 我国城市防洪应急管理面临的问题

经过多年不断努力，我国城市防洪减灾能力不断增强，但近年来频发的城市洪涝灾害也暴露出一些亟待解决的薄弱环节，必须引起高度重视（赵璞等，2016）。

（1）城市洪涝灾害监测预报能力不足。当前城市"热岛效应"加剧，突发局部短历时强降雨频次显著增多，致灾性大大提高，但大部分城市水文、气象站网还不能及时准确预报其强度和范围。随着城市规模的扩张，大量地面硬化减少了渗水地面和植被，降雨大部分迅速形成地表径流，改变了城市洪水形态，预测预报难度进一步加大。

（2）城市防洪防涝设施建设滞后。我国城市防洪排涝基础设施欠账较多，标准偏低，目前仍有 300 多座城市尚未完全达到国家规定的防洪标准。城市发展理念落后，"重地上、轻地下"，防涝能力严重不足，许多城市排水沟渠、管网、泵站等规划不尽合理，防涝能力严重不足，70％以上的城市管线系统排水能力不足 1 年一遇，老城区的排涝能力更加不足，"城市看海"时有发生。

（3）城市河湖调度与管理尚待加强。很多城市存在防洪与排涝二元管理体制，影响了城市洪涝防治的系统性，内河与外河管理分割，协同调度难度大，加重了防洪防涝压力。同时，城市急剧扩张，城市建设侵占河湖水域的现象十分普遍，在行洪河道、湖塘洼淀随意弃置工业废渣和生活垃圾的情况时有发生，导致河道缩窄、行洪断面减小，湖泊萎缩、滞纳雨洪能力衰退，排水管网淤塞、排水能力降低。

（4）城市防洪应急预案仍需细化实化。目前很多城市编制了应对江河洪水的防洪预案，但部分城市缺乏针对内涝积水、山洪灾害、地下设施雨水倒灌、供水供电中断、交通瘫痪等次生灾害的应急预案。一些城市预案应急措施针对性不强、可操作性较差，预案中对通信、信息、供电、运输、物资设备、抢险队伍等的保障措施不够明确，基层单位防汛预案内容不细，制约了城市洪涝灾害发生后的应急处置。

（5）公众防洪防涝意识依然薄弱。城市居民对突发性洪涝灾害警惕性较差，尤其是一些北方城市，多年未经历暴雨洪涝灾害，防灾避灾意识和能力薄弱。部分城市缺乏洪涝灾害知识宣传教育，公众对本地洪涝灾害特点、危险区分布没有了解，对洪涝灾害及其次生灾害的危险性缺乏认识，对城市应急管理工作认识不足，防灾、避险、自救、互救知识与能力十分匮乏，往往造成不必要的人员伤亡。

1.3　本书主要研究内容

本书主要研究内容如下：

（1）通过实地调研收集城市洪涝信息监测方面的资料，重点收集国内有代表性城市的资料，包括北京市、上海市、南京市、济南市、苏州市等；同时，收集一些国外城市洪涝信息监测方面的资料。所收集的信息资料包括雨量信息立体感知、地表及地下洪涝信息感知与监控、城市防洪排涝工程体系的监测现状及存在问题和国内外城市洪涝信息监测技术及监测装备的发展情况。

（2）分析目前我国大中城市洪涝信息监测技术存在的主要短板和薄弱环节，随着新时代水文工作强调要全面落实"节水优先、空间均衡、系统治理、两手发力"的十六字治水思路，将工作重心由"水利工程补短板、水利行业强监管"的水利改革发展总基调转移到推动新阶段水利高质量发展、提升水旱灾害防御能力、水资源集约节约利用能力、水资源优化配置能力、大江大河大湖生态保护治理能力等目标上来，要求调整优化水文站网体系建设，全面提升水文监测、预测预报和服务支撑能力，使水文成为水利行业监管的"尖兵"和"耳目"。

（3）指出"十四五"时期，加快卫星遥感应用、无人机技术、雷达技术、视频监控和高精度 GNSS（卫星导航系统）-RTK 等新技术在水文监测业务中的推进应用，从传统的以固定站点和断面为主的监测模式，向监测点、线、面并行覆盖，卫星、雷达、无人机、地面站点、水下监测设施等空天地一体化、多手段的立体监测体系发展，为我国城市暴雨洪涝预警预报和城市洪涝应急管理系统提供技术支持。

第 2 章　国内外城市洪涝信息监测技术现状

2.1　城市洪涝灾害

洪涝灾害是我国城市最主要的自然灾害之一。洪是一种峰高量大、水位急剧上涨的自然现象，涝则是由于长期降水或暴雨不能及时排入河道沟渠形成地表积水的自然现象。当洪和涝对人类造成损失时则成为灾害。

历史上的洪涝灾害主要造成农业的损失。近几十年来，随着社会经济的发展，洪涝灾害损失的主要部分已经转移到城市，造成不同程度的财产损失和人员伤亡。由于城市经济类型的多元化及资产的高密集性致使城市的综合承灾能力脆弱，在同等致灾条件下的损失总量增大。同时，以城市交通和地下管线系统为主体的城市生命线系统如因洪涝引发事故，对城市经济和市民生活的影响巨大，将形成严重的次生灾害和间接经济损失。因此，应加强城市洪涝灾害的防御对策研究。

按照地貌特征，城市洪涝灾害可分为傍山型、沿江型、滨湖（海）型和洼地型四种类型。按照灾害特点，城市洪涝灾害又可分为洪水袭击型、城区沥水型、洪涝并发型和洪涝次生灾害型四种类型。

2.2　城市洪涝信息监测要素

水文要素是洪涝灾害监测信息的重要组成部分。水文要素是表征某一地点或区域在某一时间水文情势的主要物理量，包括降水、蒸发和径流以及水位、流速、流量、水温、含沙量、水质等，通常由水文站网通过水文测验加以测定。与城市洪涝灾害关系密切的水文要素主要有降水、蒸发、水位和流量等。

2.3　国外洪涝信息监测技术的现状

城市水文观测系统在西方发达国家研究起步较早，技术也比较成熟。

我国目前才刚刚起步，因此这里主要介绍美国、日本和北欧的常用监测技术和美国正在使用的较典型的系统，即城市（小流域）水文测验常规系统和美国地质调查局城市水文监测系统（UHMS）（拜存有等，2009）。

2.3.1　洪涝信息监测常用的水文监测技术

2.3.1.1　美国

美国的水文测验方式以自动化仪器采集和巡测相结合为主，根据实际情况也有采用委托观测的方式，在大洪水地区进行流量测验时，美国地质调查局会调用其他地区的外业人员支援发生洪水地区的工作，或在本地临时雇用人员协助工作。美国水文站的概念与我国不同，其"测站"用"测验断面"也许更准确些。测站固定设施很少，大部分水文站只有一个数据采集平台、测验断面和一组水准点。

水位、雨量等信息在绝大多数测站实现了自动采集与传输。水位采用最广泛的是浮子式和气泡式压力水位计，浮子式水位计通过专用数据转换器进行模数转换，输出为数字信号；气泡式水位计能满足恶劣环境要求，安装时可以不建专用测井，易于安装和维护。自记水位一般具有水位数据存储和满足实时水情信息传输的要求自动发送传输功能，有的还具备自动报警功能。此外，美国地质调查局还开发了一套可以快速部署的河流水位监测装置，用于洪水发生时迅速应急或在已有设备发生故障时予以替代。这种快速部署监测设备重量轻、易于单人操作和安装，包括电池、天线、太阳能板、数据采集平台等。

流量监测主要采用声学多普勒流速剖面仪（ADCP），近年来美国地质调查局也在研发各类快速、安全监测河流流速和流量的设备，例如超高频雷达（UHF），可实现河流流速的非接触、长期、连续监测。有泥沙、水质监测的一般也采用自记或巡测取样监测。水文信息传输主要通过公共通信网，其中 60% 以上通过卫星，可每 30min 自动传输信息，或通过召测方式随时收集水文信息。

2.3.1.2　日本

在监测手段方面，日本国内水位监测全部实现自记；流量监测一般监测流量的同时监测水位，建立水位-流量关系曲线，由水位推求流量。所建立的雷达降雨测量系统，C 波段雷达已覆盖整个国家，MP（多参数）X 波段雷达已覆盖城市地区，该系统有助于更精细地监测降雨等气象条件并预测洪水。

日本水文气象监测主要由日本河流管理部门、日本气象局以及日本道路局承担，其中日本河流管理部门包括日本国土交通省和地方政府。

2.3.1.3 北欧

北欧各国水文监测现代化程度非常高。北欧各国成立了北欧国家水文机构联席会议（Chiefs of the Hydrological Institutes in the Nordic Countries，CHIN），包括瑞典、丹麦、芬兰、挪威和冰岛等五个北欧国家。所有的 CHIN 水文机构在国家层面的水文监测中发挥着核心作用。然而，各国水文机构背景差别很大，这带来了一些结构和运营方面的差异。冰岛气象局（IMO）和瑞典气象水文研究所（SMHI）具有类似的制度环境，因为它们都是国家水文气象研究所；芬兰环境研究所淡水中心（SYKE）和挪威水资源和能源理事会（NVE）的水文部门与大型组织的部门具有相似的地位（SYKE 主要服务于环境管理部门，NVE 服务于石油和能源部）；丹麦环境与能源中心（DCE）设在奥胡斯大学，是一种最独特的模式。IMO、NVE 和 SMHI 拥有自己的水文监测网络现场维护组织，而 DCE 和 SYKE 正在使用政府的区域组织来完成这些任务。

所有的 CHIN 水文机构都在向自动近实时监测系统迈进。除冰岛外，目前所有北欧国家的自动水文监测站的比例为 $50\% \sim 60\%$；而冰岛 IMO 的站网自动监测比例已经接近 100%。

所有的 CHIN 水文机构都在不断开发水文监测系统。五个合作伙伴之间的合作工作也有着悠久的传统。最近的发展可分为四个主题领域：①监测网络设计；②实地工作和相关质量系统；③水文测量的技术现代化；④水文监测和服务的数据系统。

2.3.2 美国城市水文测验常规系统

常规河道水文测验的基础是水位观测和不定期用流速仪观测流量，水位数据可以根据水位-流量关系曲线转换成流量值。

美国现设有 1 万多个常规的测站系统，然而对一些水位变幅不太大的城市水位站点，都建立了专用站系统。一级水文站由一台水位记录装置（浮子型）、一台自记雨量计、一台最高水位计和两支直立水尺所组成。观测系统设有两个自动数字记录器，一个记录水位，一个记录降雨，以每隔 5min 记录一次数据，这两个自记仪器都配有由电池推动的石英钟计时器编有程序。这两台自记仪器安置在防护栅内加以保护，每台都安置在 51mm 直径的钢管上，钢管作为三脚架底座的腿，第三条腿支撑最高水位计。为了防止破坏，不设永久性的梯子和工作台，进行观测时要使用便携式梯子。

这套装置适应性强，花费不多，可以用在任何水位变幅不很大的地方。如果需要较大的浮子井，可用直径 102mm 的聚氯乙烯管或直径 156mm 的钢管连接。钢管是支撑自记水位计的，如果流速较高，这 3 个 51mm 钢管可以从上游至下游成一直线安装，用以代替常规的三角形安装布置。如果雨量计四周不够开阔，雨量计和水位计可以分开几百米。美国现有的城市水文测验系统与上述的基本相似（拜存有等，2009）。

2.3.3　美国城市水文监测系统

近年来，美国城市测验水文设备有两个方面的特点：①由于对城市水质的关注程度日益增长，各式各样的新的精密仪器已经出现。这些设备一般包括先进的电子装置（包括微处理技术）。②在城市地区，具有足够的常规站网控制的机会是有限的，因此有必要在地下排水管道上设站。这些城市测验设备很自然地逐步形成了成套设备的概念。

图 2.3-1 是美国城市水文监测系统（UHMS）安装示意图。这个测站系统叫作城市水文监测系统（UHMS）。这个系统是专门为地下水排水管道的流量测验而设计的，以量水建筑物收缩水流作为流量控制，并可同时获得降雨量、径流和水质方面的资料。

UHMS 由 5 个子系统组成，即系统控制装置（SCU）、降雨取样子系统、大气取样子系统、水位（或流量）传感器子系统和水质取样子系统。

（1）系统控制装置（SCU）。系统控制装置是一台微处理机，用以记录各种数据，控制自动采样设备，通过低压电话线记录一个或几个雨量计的雨量和连续监测水位，也能检测选定的水质参数，如电导率、混浊度和温度。

在两次暴雨的间歇时间内，系统控制装置是处于待命状态。在待命状态下，只有当发生降雨时才开始记录数据（除每天记录一次所有各种参数之外）。选定一个水位门槛值（相应于某个流量值），一旦水位到达这个值，该系统就自动开启（或停止工作），并连续记录各种数据（从 30s 至 1h 的时间间隔）。

根据每站装入微处理机电路的算法程序，水质取样可以是每个记录时段取一个水样，也可以几个时段取一个水样。取样可有多种选择包括水位、流量、水位变化的上涨段或下降段以及时间等。使用分布式降雨径流

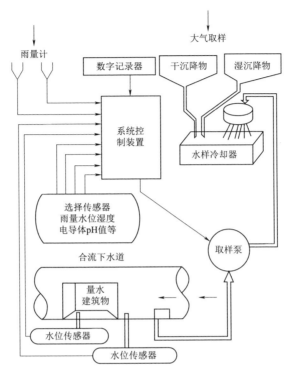

图 2.3-1 美国城市水文监测系统（UHMS）安装示意图（拜存有等，2009）

水质演算模型，对雨前的水质和水量进行模拟，或根据有经验的水文专家的判断，来设置初始的取样条件。还可以根据雨后的重新评价作及时调整。另应备有制冷设备，以便保存好径流水样在高温季节不变质。

系统控制装置所能测得的数据记录在存储器上，每项记录数据包括下列各项资料：时间（以小时、分、秒计），公历日，水位和流量，累计降雨量（一站或数站），如果取了水样，记下样品顺序号数。为了避免不必要的现场检查，控制装置设有应答电话询问，这个应答系统可报告该装置是处在记录、取样或关机的状态。

（2）降雨取样子系统。与城市水文测验系统配套使用的雨量计是一种遥测自记雨量计，如美国 1977 年生产的型号为 P501-Ⅰ产品，这套仪器有 8in（20cm）直径的承雨口和一个连接水银开关的翻斗装置，使翻斗每翻转一次的降雨量为 0.01in（0.254mm）。城市水文监测系统可以同时记录 3 个或 4 个雨量计的累计雨量。

（3）大气取样子系统。图 2.3-2 是美国地质调查局安装在屋顶的大气降水降尘采样子系统说明图。这台仪器用以收集降水量和总沉积量。干降

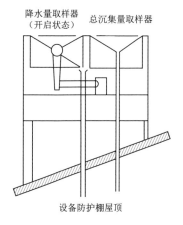

降水量取样器
（开启状态）　　总沉集量取样器

设备防护棚屋顶

图 2.3-2　美国地质调查局安装在屋顶的大气降水降尘采样子系统（拜存有等，2009）

尘量可以用总沉积量减去降水量求得。使用两个矩形的涂敷聚四氯乙烯的采集器取样：一个是固定的采集总沉积量；另一个是可动的只收集降水量。可动收集器用 12V 直流电动马达驱动，可以垂直转动，而马达由雨量计翻斗启动。图 2.3-2 中可动收集器的收集面是处在打开向上的状态。如果在预先调定的时段内雨量达到和超过 0.254mm，则收集器保持开启状态。如果在时段内低于 0.254mm，马达就将收集面转回到关闭状态，这样就不会收集到干沉积物。

可动收集器控制包括一个取水样模式选择开关，决定取一次或数次，另一个开关控制取样器保持开放的时间长度，如果模式为只取一次水样，则收集器只打开和关闭一次。在采集多个水样模式时，如果降雨再次发生，收集器将再次开启取样。样品保存在仪器室内（图 2.3-2），并有制冷装置。

（4）水位传感子系统。常规水温测验方法一般不适于城市雨洪排水管道，现已有一种专用测验设施。城市水文监测系统有一个附加的雨洪地下排水管道测流控制或收缩段使用两个水流压力计型的传感器，用以监测代表水位的水压盖。通过两个压力计的管嘴以定速向外喷出干氮气，一个管嘴位于稍向上游的位置，而另一个则放在收缩段内，收缩管段其纵向视图呈 U 形。

在非满管流情况下，仅用收缩管段的水位计算流量。在满管流（即压力流）时，要同时使用两个水位传感计，这个收缩管段具有文德里量测计的性质。

根据实验室的试验结果，在明渠流和满管流的情况下，在恒定流试验中，收缩管段测流的方法是可靠的，误差近于 5%。但是这个方法也有一些问题：例如，当水流过渡到满管流或压力流时，水位-流量关系是很敏感的，变动也比较大，这样就需要在使用时正确选定水位-流量关系。此外，收缩管测流方法对变动的淹没流来说，是不适用的，至少还未经过试验。最后，对于上游管道复杂的排列和坡度，因城市雨洪快速变化的非恒定流的影响，故实验室是很难率定的，有待于进一步研究。

（5）水质取样子系统。自动采样器的取样瞬间应与降雨、流量资料记录时间同步。如果可能应设置程序使自动采样器的最小取样时间间隔等于其他连续水文资料记录的时间间隔。最好还应在可能的地点，用人工采样器取水样，以便检查用手工取样或自动取样点水样的代表性。

城市水文监测系统，使用一种特制的取样子系统，有 24 个顺序取样器，各具有 3L 容积。取样器安置在市场上买得到的冰箱顶部金属盘上，这个冰箱要改造成一个恒温器，使水样保存在 5℃左右。

2.4 国内洪涝信息监测技术的现状

2.4.1 概述

降水是城市水文监测的重要基本内容，短期、高密度、高精度的观测一般用于专门问题研究或工程规划设计，而长期的序列降水监测一般依靠国家基本站（气象台站和水文站）网完成，多用于城市洪涝灾害防治与管理、气候变化条件下的城市水文科学研究等方面。降水可分为液态降水和固体降水两类，我国目前一般采用雨量器、雨雪量计等设备观测获取点降水资料，还通过测雨雷达或卫星资料解算获取区域降水资料。此外，国际水文标准委员会推荐使用称重式雨量计，但现阶段称重式雨量计价格仍偏高，广泛推广有一定难度。

建设城市排水防涝监测系统，可有效提高城市防汛排涝和日常污水排放、处理的综合监管能力。借助该系统可全面掌握城市排水现状，及时采取防汛排涝措施，实现城市排水系统的全方位监控和全局化调度管理。其监测任务包括排水系统的监测、中水污水处理系统的监测、重要河道路段和城市低洼积水点的监测等。监测对象主要包括对内涝情况的实时监控、水位的监测、管道流量的监测以及河渠流量的监测。

发展城市积水点监测可实时监测城区各低洼路段的积水水位并实现自动预警。管理部门可借助该技术把握整个城区内涝状况，及时进行排水调度，并可借助媒体为广大群众提供预警服务。城市水位监测常用的观测设备有各类水尺和自记式水位计等，与一般的水尺相比，自记式水位计具有记录完整连续、便于遥测等优点。此外，国内外近年来发展了多种其他感应水位的水位计，有浮子式、压力式、超声波、雷达激光水位计等，其中压力式水位计在我国应用最为广泛。

城市洪涝信息监测工作中的流量监测主要可分为两类：一类是管道中的流量监测，主要用于排水管道、泵站中的流量监测；另一类是明渠、河道以及自流非满管大管道中的流量监测。管道流量监测一般采用超声波、电磁流量计等，明渠、河道中的流量监测常采用量水堰槽，随着科学技术的发展，现在也采用超声波流量计、ADCP（声学多普勒流速剖面仪）等新型仪器设备实现在线测流。

目前我国城市降水信息监测主要依靠雨量器设备，卫星和雷达测降水技术也在迅速发展。城市洪涝水位信息监测主要采用各类水位计，水位监测手段较多，监控也较为全面。而在城市洪涝流量信息监测方面则比较匮乏，河道上主要采用雷达流速仪、ADCP 流量计等，但存在测量精度不高或测量频次不够的问题。各类新型监测设备的管理与维护不到位也是我国城市洪涝信息监测工作中亟待解决的主要问题。

2.4.2　降雨信息监测技术及装备

降雨量是城市水文的基本变量，所以降雨观测非常重要。城市水文研究中所需要的降雨资料可以分成两类：第一类是用于建立、率定和检验城市水文模型的降雨资料，一般是集中在研究地区，要求与其他水文资料配套进行观测。观测记录年限并不要求很长，但观测要求比较精细。第二类是用于进行长期模拟所需的长期降雨资料，这部分资料主要是依靠国家基本站（气象台站和水文站）网提供的。下面重点介绍第二类资料的观测和收集工作。

第一类资料观测主要用于专门问题研究或工程规划设计。由于雨量的变化特性，在城市地区，集水面积只要超过 $1km^2$，至少得设两个或更多的雨量站。目前，大部分雨洪模型有能力接受多个雨量站的输入，或以各自的过程线作为输入，或以加权平均后的单一值作为输入。一般情况下，雨量站应分布在指定流域中，控制的面积和代表的地形应相近。如果需要新设站，必须注意雨量计附近的地面要开阔。但在城市地区，这个要求有一定困难。雨量计应接近地面而不是安置在建筑物顶；建筑物和树木与雨量计的距离不应小于其高度的两倍，并尽可能离远些；应避免在坡地上或在陡坡附近设雨量站；若风影响测验精度时，应加防风罩。

第二类资料观测主要是由气象站和水文站完成的。下面介绍一般水文站进行降水观测的方法及资料整理。

降雨量的观测场地应选在四周空旷平坦的地方，避开局部地形地物的影响，观测降水的仪器目前一般采用20cm口径的人工雨量筒和自记雨量计。

（1）降水观测。降水分为液态降水和固体降水两种，相应的仪器也就有雨量计和雪量计，能同时测量雨雪的仪器称为雨雪量计。降水量可用雨量器或雨量计直接观测，也可以通过测雨雷达和利用卫星云图间接测算（丁一汇等，2009）。

1）人工雨量筒观测。人工雨量筒是一个圆柱形金属筒，在降雨时雨水由漏斗进入储水瓶，降雨后，定时把储水瓶中的降雨倒入特制的量杯可直接读出雨量深度，并记录。

用人工雨量筒测雨一般采用分段定时观测，常用两段制观测（每日8时、20时），汛期采用四段制（每日2时、8时、14时、20时）和八段制（每日2时、5时、8时、11时、14时、17时、20时、23时），甚至雨大时还需增加观测次数。若人工雨量筒观测降雪，可将漏斗和储水瓶取出，只留外筒作为承雪器具。

2）自记雨量计。雨量信息自动采集多采用虹吸式自记雨量计或翻斗式自记雨量计（图2.4-1）等（姚永熙，2001；张建云等，2005）。

（a）虹吸式自记雨量计　　　　　　　（b）翻斗式自记雨量计

图2.4-1　虹吸式和翻斗式雨量计

常用的虹吸式自记雨量计其工作原理为：雨水由承雨器进入浮子室后将浮子升起并带动自记笔在自记钟外围的记录纸上做出记录。

当浮子室内雨水储满时，雨水通过虹吸管排出到储水瓶，同时自记笔又下降到"0"点，继续随雨量增加而上升。这样降雨过程便在自记纸上绘出。

从自记雨量计的记录纸上可以确定降雨的起止时间，降雨随时间的积累变化，还可以从记录纸上摘录不同时段的降雨强度。但自记雨量计不能直接用来测量降雪过程。

翻斗式自记雨量计是以一个或多个承雨翻斗交替翻转的次数计量雨量的仪器。它主要由传感器与记录器两部分组成，传感器部分由承雨器、翻斗、转换开关等组成，其作用是把降雨量转换成电信号输出。记录装置可分模拟曲线记录与固态存储记录两类。模拟曲线记录装置主要由步进图形记录器、计数器和电子传输线路部件组成，其作用是在记录纸上完成雨量随时间变化的模拟曲线。固态存储记录方式是将雨量随时间变化存储在半导体存储器中，这种方式存储时间长，读、写灵活自由，易于与计算机相连进行读数。翻斗式雨量计工作可靠，便于雨量有线远传和无线遥测，固态存储记录方式先进可靠，便于水位数据自动化处理；也给水位、雨量等水文要素的长期自记、无人值守的巡测创造了有利条件。因此，目前翻斗式雨量计已广泛用于水文自动测报系统与雨量资料收集的固态存储系统中。

图 2.4 - 2　称重式雨量计

3）称重式雨量计。称重式雨量计是用一定直径的承雨口承接降水，并留在雨量计内一盛水容器中，雨量计内有一精确的自动称重机构，不断地自动称量承接的降水质量，从而得到降水量和降水强度（图 2.4 - 2）。

只要自动称重机构准确性够高，且很稳定，称重式雨量计将不受降水强度影响。再加上加热装置，可以测量降雪。一般认为，称重式雨量计比传统的翻斗式雨量计准确度高，可测量任何类型的降雨，甚至可高精度地计量出雨水的蒸发量。

由于雨量计内盛水容器的容积肯定是有限的，要连续测量，就需要配备自动排水系统。此排水系统可以是倒虹吸式的，也可以是自动阀门控制的。如不配备自动排水系统，就只能测量一定的降水总量，一般不会超过 1000mm。

4）雨雪量计。雨雪量计是在翻斗式雨量计的基础上增加电加热器、测温传感器及温度控制开关，其主要结构与翻斗式雨量计基本相同。在承雨口锥形底的下部和雨量筒内侧安放加热片，或安装在翻斗支架和底座上。当温度降到一定值时，温控开关接通加热器，保证降雪融化。当温度高于一定值时，温控开关切断加热器电源。

电加热式雨雪量计和翻斗式雨量计基本相同，结构简单，易于使用，降雪测量时需要使用 220V 交流电源为加热设备供电。

随着光电技术的发展，压电感应技术，光遮挡法，图像处理法等技术在降雨监测上的应用，形成了光学雨量计、压电式雨量计等产品。该类产品分辨力远高于翻斗式雨量计，在 WMO《仪器和观测方法指南》2021 年中将该类设备主要作为降水类型识别设备，降水强度准确性尚不能达到称重式雨量计和翻斗式雨量计水平。

5）光学雨量计。光学雨量计中，以雨滴谱应用最为广泛。该设备通过一个发射器发射一束扁平的红外光，光线穿过空气后聚焦到一组光敏接收器件上，雨、雪、雾等天气变化会影响红外光的强度变化，通过分析多个通道的数据从而来计算降雨强度、降雨量等天气状况和能见度（图 2.4 - 3）。目前，市场上应用较多的是 OTT 公司产品，设备可分别毛毛雨、小雨/雨、雨、雨夹雪、雪、米雪、冻雨、冰雹等 8 种降水类型，标称降水量准确度液态降水可达±5%、固态降水可达±20%。

图 2.4 - 3　光学雨量计

6）压电式雨量计。压电式雨量计安装有陶瓷压电片，其是利用压电振子的压电效应，将机械位移（振动）变成电信号，然后根据雨滴冲击能量转变的电压波形的变化，通过采集压电片输出信号的峰值电压来计算相应的雨滴尺寸和体积，从而实现对单个雨滴重量测算，进而计算降雨量。

设备集成一体化设计，体积小，无任何外露部件，非接触测量，无水平安装要求，设备安装相对简便（图 2.4 - 4）。WMO 中指出该类产品在区分降雨和冰雹类型是有明显优势，目前自然资源部门有该类产品的应用案例。

7）间接测算途径。通过测雨雷达和利用卫星云图来测算一定区域内面上的降水量。雷达发出的电磁波穿过云雨将衰减，根据接收到的回波强度，反算降雨的强度，因此可用地面实测降雨资料率定雷达测雨公式来测定降水，雷达测雨的有效半径一般为 200～300km，距离越大，误差越大。卫星云图推算降水是对影像图上反映云顶高低、温度和下垫面反射等特征

图 2.4-4　压电雨量计

信息进行分析判断后得出的。卫星遥感测定大面积的积雪覆盖及其雪水量分布变化的技术已经开始得到广泛应用（丁一汇等，2009；丁志雄等，2013）。

（2）降水资料整理。取得降水资料后，应对资料进行整理。其主要内容包括：编制汛期降水量摘录表；统计不同时段（如 10min、30min、60min、……）最大降水量；计算日、月、年降水量等，日降水量以 8 时为分界，即以昨日 8 时至今日 8 时的降水量作为昨日的日降水量。

据研究，目前的雨量器或雨量计所测的降水量由于风、蒸发、器壁黏附等因素影响而偏小，有关对比观测工作正在展开。

（3）降雨仪器的发展趋势。虹吸式雨量计使用历史悠久，在小雨情况下，测量精度较高，性能也较稳定。但由于其原理上的限制，不易将降雨量转换成可供处理的电信号输出，因而无法远距离传输，也不能完成无纸化自动记录，故不能进一步进行数据处理，仪器的局限性客观上限制了其发展，目前主要用在部分有人驻站水文站的纸质降雨数据收集。随着降雨观测遥测技术的发展，翻斗式雨量计得到广泛的推广应用，目前国内水情遥测系统中翻斗式雨量计占主导地位，然而，因翻斗式雨量计自身的缺陷，在小雨和大雨时会出现测量不准的现象，因此，国际水文标准委员会推荐使用称重式雨量计。但现阶段由于称重式雨量计的价格较高，广泛推广较难，因此，需要研究价格适中、精确度高、性能稳定可靠的新型遥测雨量计，以满足城市水文监测的需要。

2.4.3　洪涝信息监测技术及装备

2.4.3.1　城市洪涝信息监测技术

1．城市排水防涝监测系统

城市排水防涝监测系统是城市防汛排涝和日常污水排放、处理的综合监管平台。借助该系统，排水公司可全面掌握城市排水现状，及时采取防汛排涝措施，可实现城市排水系统的全方位监控和全局化调度管理。

（1）系统组成。城市排水防涝监测系统采用集散式设计理念，按照多级监控中心设计。排水公司内建立总监控中心，各排水管理处、污水处理厂、中水处理厂内建立二级分控中心。监控总中心负责对整个城区排水系统进行全面的监控和管理，各二级分控中心负责辖区内排水设施的监控和管理，如图 2.4-5 所示。

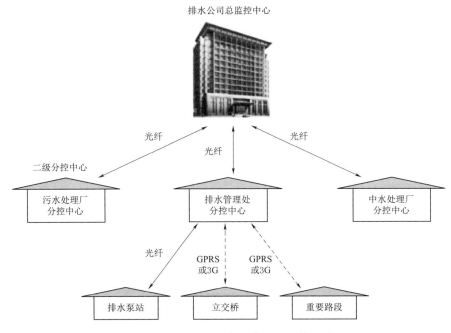

图 2.4-5　城市排水防涝监测系统组成

（2）通信网络。排水公司总监控中心与各二级分控中心之间租用光纤并建立 VPN 专网来搭建通信网络。排水管理处分控中心与各排水泵站之间租用光纤来搭建通信网络；立交桥、重要路段等分布分散且不具备光纤接入条件的监控点，采用 GPRS 或 3G 无线网络来作为补充。

（3）监控系统软件。监控系统软件如图 2.4-6 所示，其系统界面如图 2.4-7 和图 2.4-8 所示。

（4）主要硬件设备。

1）排水泵站测控终端。排水泵站测控终端安装在排水泵站现场，主要功能如下：①监测格栅机前、格栅机后水位；监测泵站出水量；监测排水泵的启停状态、保护状态、控制模式和电压、电流等运行参数。②支持手动控制、自动控制、远程控制格栅机和排水泵的启停；支持远程切换控制模式。③智能轮换排水泵启动顺序，延长设备使用寿命。④工业平板电脑实时显示监测数据和相关设备运行状态，支持触控操作。⑤水位超限、

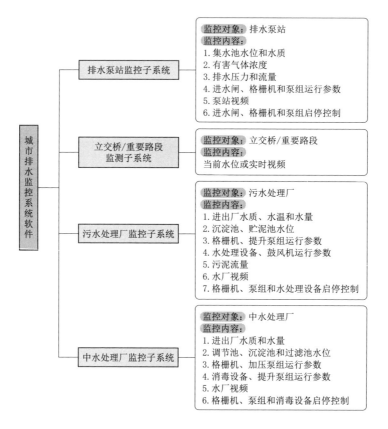

图 2.4 - 6　监控系统软件

图 2.4 - 7　系统界面

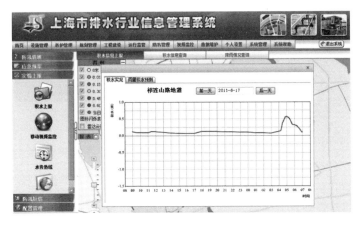

图 2.4-8 数据统计分析界面

电流超限、人员进入等状况发生时，立即上报告警信息。⑥采用模块化设计，每台格栅机、排水泵独立监控，便于维护。⑦支持光纤、以太网、RS485 总线、GPRS 等多种通信方式。⑧支持远程修改工作参数、升级程序，实现远程维护。

排水泵站监控设备展示如图 2.4-9 所示。

2）污水处理厂和中水处理厂测控终端。

情况 1：污水处理厂和中水处理厂已实施本地集中监控。水厂测控终端可通过 OPC 接口的形式从现有监控系统软件中获取水厂监控数据，并连同监控视频一并传送给监控总中心。

情况 2：污水处理厂和中水处理厂未实施本地集中监控。水厂测控终端需增加数据采集和设备控制模块，采集水厂内进厂和出厂水质、进厂和出厂流量、沉淀池和贮泥池

图 2.4-9 排水泵站监控
设备展示

液位、水泵和水处理设备运行状态等数据信息，并连同监控视频一并传送给监控总中心。

3）立交桥及重要路段监控设备。立交桥及重要路段监控可采用两种方式：

a）通过 GPRS 网络远程监测水位。此种方式下，选用投入式水位计（图 2.4-10）和水位监测终端监测现场水位，并通过 GPRS 网络将水位数据传送给排水管理处分控中心。为灵活布设测点、不受供电条件限制，建议选用太阳能供电型水位监测终端（图 2.4-11）。

图 2.4 - 10　投入式水位计　图 2.4 - 11　太阳能供电型水位监测终端

监控设备安装现场展示如图 2.4 - 12 和图 2.4 - 13 所示。

图 2.4 - 12　立交桥水位监测点　图 2.4 - 13　重要路段水位监测点

b）通过 3G 网络远程监控实时视频。此种方式下，选用视频摄像机（图 2.4 - 14）和视频监控终端（图 2.4 - 15）监控现场实时视频，并通过 3G 网络将监控视频传送至排水管理处分控中心。为了降低运营费用，可选择只在汛期实施无线视频监控。

图 2.4 - 14　视频摄像机　图 2.4 - 15　视频监控终端

2. 城市积水点监测

近年来，由强降雨引发的道路低洼处、下穿式立交桥和隧道产生大量积水的现象时有发生，给人们的出行带来很大不便，严重时甚至会造成人民生命、财产的重大损失。图 2.4-16 为郑州"7·21"大暴雨情景。

图 2.4-16 郑州"7·21"大暴雨

城市积水点监测可实时监测城区各低洼路段的积水水位并实现自动预警。市政管理部门借助该系统可整体把握整个城区内涝状况，及时进行排水调度。交通管理部门通过该系统可获取各路段的实时积水水位，并借助广播、电视等媒体为广大群众提供出行指南，避免人员、车辆误入深水路段造成重大损失。

（1）系统组成。城市积水点监测系统主要由四部分构成：①硬件构成有服务器、计算机、打印机、显示大屏、短信报警模块、交换机等。②软件构成有操作系统软件、数据库软件和城市道路积水监测预警系统软件。③通信网络有 GPRS 网络、INTERNET 公网（监测中心绑定固定 IP）、光纤等。④监测设备，道路积水监测终端现场仪表有超声波水位计、电子水尺（投入式水位计）、LED 情报板等。

（2）系统拓扑图，如图 2.4-17 所示。

（3）系统功能：①实时监测道路低洼处、重要路段、下穿式立交桥和隧道的积水水位，并通过 GPRS 或光纤网络远程传送至城市内涝监测预警中心。②立交桥、隧道监测点可通过情报板自动提示（或监测中心远程手动提示）当前积水水位值或"允许通行""谨慎通行""禁止通行"等警示信息。③立交桥、隧道积水监测点可与本地排水泵站实现联动，根据积水水位自动控制排水泵组的启停。④监测点具备光纤通信条件时，可扩展实时视频监控功能。⑤水位过高、设备异常时系统自动报警，并自动向责任人手机发送报警短信。⑥系统软件具备地图展示、数据存储、数据查询、数据统计、曲线分析等功能，可导出为 EXCEL 报表或直接打印。⑦系统

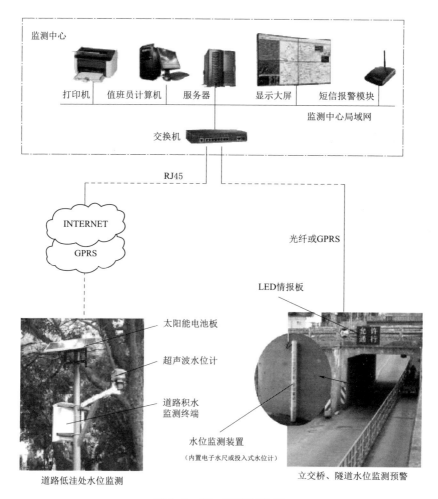

图 2.4-17　系统拓扑图

软件支持 OPC 接口，可接入上一级综合指挥调度平台。

（4）设备应用现场，如图 2.4-18 所示。

3. 城区河道、排水管道、排水沟渠监测

在城区河道、排水管道、排水沟渠等重要地段设置监测站点，对水位、流量等进行在线实时监测，如图 2.4-19 所示。

2.4.3.2　水位监测设备

在水位观测中常用的观测设备有水尺、电子水尺和自记式水位计三种类型（姚永熙，2001；拜存有等，2009）。

1. 水尺

水尺是测站观测水位的基本设施，按形式可分为直立式、倾斜式、矮

（a）重庆暴雨积水监测智能监测　（b）河北邢台道路积水排水远程监控　（c）南京友谊河公铁立交显示屏

（d）广东惠州低洼处水位监测　（e）江苏盐城智慧城市防汛监测　（f）济南道路低洼处积水监测

图 2.4-18　设备应用现场图

桩式和悬垂式四种。其中以直立式水尺构造最简单，且观测方便，为一般测站所普遍采用，它用坚硬平直的板条或搪瓷制成，安置在岸边便于观测的直立桩上或钉在桥柱或闸墙上。若水位变幅较大时，应设立一组水尺。倾斜式水尺是将水尺直接涂绘在特制的斜坡或水工建筑物的斜壁上，如水库的迎水坡、有砌护的渠坡上。观测水位时，是将水面在水尺上的读数读出，水尺读数加上水尺零点高程即为水位。

水位观测的时间和次数，以能测得完整的水位变化过程为原则。当水位变化缓慢时，每日观测两次（8 时、20 时）。水位变化较大或出现峰或谷时则要加测（一般不少于 3 次）。观测时应注意视线水平，注意波浪及壅水的影响，读数应准确无误，读至 0.5cm。

2. 电子水尺

电子水尺是一种触点感应式水位测量装置，利用电子电路探测水体接触水尺位置，从而测得水位。还有其他形式的，如磁致伸缩线性位移（液位）传感器。

（a）王府庄水位计塔（济南）

（b）闸站电子水尺（苏州）

（c）生产渠电子水尺（济南）

（d）河道水尺

（e）河道立杆视频监测（苏州）

（f）景观水尺（济南趵突泉东）

图 2.4-19　河道、排水管道、排水沟渠水位监测现场图

触点式电子水尺简介如下：

图 2.4-20　触点式电子水尺

（1）工作原理。普通水尺上有刻度，可以人工读取水位，如果将刻度改为等距离设置的导电触点，一定水位淹到某一触点位置，相应的电路扫描到接触水的最高触点位置，就可以判读出水位，这样的水尺称为触点式电子水尺。触点式电子水尺外形如图 2.4-20 所示。

电子水尺由绝缘材料制作电子水尺，尺体上每隔一段距离（一般是 1cm）出露出一个金属触点。触点间相互绝缘，每一触点都接入内部电路，电子水尺固定垂直安装在水中，被水淹到的触点和大地（水体）之间的电阻或是与水尺上水中某一特定触点的电阻将大大减小，由此可由内部电路检测到所有被水淹到的触点，其中最高的就是当时的水位所在的位置。

（2）结构与组成。该电子水尺由一根或若干根电子水尺检测仪信号电缆、电源组成。

（3）技术参数。单元规格为 40cm/80cm/120cm/160cm/240cm；变幅范围建议不超过 10m；精度为 ±1cm（全量程等精度测量）；输出信号有 RS485、CAN、RS232、4～20mA；静态电流为 ≤30mA（DC12V）；能耗为 ≤360mW（DC12V）；温度为 −20～60℃；误差为 0.5cm、1cm，由所选传感器的分辨率决定；级联方式为法兰连接。

（4）安装。电子水尺可以用任何方式固定安装在水位桩和各种牢固的附着物上。电子水尺尺体是一种仪器，安装时要更小心一些，不能造成损坏，要注意保护引出信号线的密封性。安装方式有垂直安装、倾斜安装、阶梯安装等。

（5）使用维护。电子水尺在长期使用中，其尺面和触点上会有各种附着物，影响各触点与水的接触。在可能的情况下，要多加清洁。水尺尺体是不可拆卸的密封结构，平时不需要特殊维护。

3. 自记水位计

自记水位计是自动记录水位变化过程的仪器，具有记录完整、连续、节省人力的优点。目前国内外发展了多种感应水位的方法，其中多数可与自记和远传设备联用，这些方法包括测定水面的方法、测定水压力的方法、由超声波传播时间推算水位的方法等。目前较常用的自记水位计类型有：浮子式自记水位计、水压式自记水位计（投入式水位计）、超声波水位计、雷达水位计和激光水位计。

（1）浮子式自记水位计。浮子式自记水位计是一种较早采用的水位计，目前这种水位计的结构已经比较完善，能适应各种水位变幅和时间比例的要求。水位的变化除自记外，也可适应远传、遥测，但它们大都利用浮筒感应水位。

1）工作原理。横式自记水位计是目前比较常用的一种浮子式自记水位计，该仪器的工作原理是：利用与河水相连通的测进内水位的升降，浮筒也随之升降，比例轮带动记录筒转动，时钟控制记录筒的横向位置，使记录笔在记录纸上反映水位随时间的变化过程，如图 2.4-21 所示。

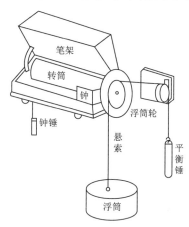

图 2.4-21　横式自记水位计

2）结构与组成。浮子式自记水位计可以分为水位感应、水位传动、水位记录三部分，加上外壳或安装基座构成完整的仪器。

3）适用性。浮子式水位计简单可靠，精度高，易于维护，有很多成熟的产品，在可以建水位测井的地方，应该优先使用这种水位计。

对于使用浮子式自记水位计记录水位的测站，可不必进行频繁的水位观测，一般每日定时进行一次校测和检查。水位涨落急剧，质量较差的自记水位计，应适当增加校测和检查次数。当自记水位计与校核水尺的水位相差超过 2cm，或时间误差每日超过 10min，水位变化急剧时，应对自记水位记录进行订正。因此，设立浮子式自记水位计的地方，还必须设立校核水尺。

图 2.4-22　投入式水位计

（2）投入式水位计。投入式水位计基于水体静压与水体高度成正比的原理，采用扩散硅或陶瓷敏感元件将静压信号转换成电信号，再经温度补偿和线性修正后，对外输出标准的水位模拟量信号，如图 2.4-22 所示。

投入式自记水位计的工作原理是测量水压强，即测定水面以下一已知测点高程以上的水柱 h 的压强 p，从而推算水位，由水力学静水压强有

$$p = \gamma h \qquad (2.4-1)$$

式中：γ 为水的容重，kN/m^3；p 为压强，kN/m^2；h 为水深，m。

推算出测点水深：

$$h = p/\gamma \qquad (2.4-2)$$

得测点水位：

$$H = H_0 + p/\gamma \qquad (2.4-3)$$

式中：H_0 为测点的绝对高程；H 为测点对应的水位。

因此，只有在水的容重是常数的条件下，投入式水位计才能达到较准确的观测结果。一般来说，这类仪器对于内陆地区的水位观测比较可靠。在沿海的河口地区，由于淡水与咸水相混合，水的容重经常变化，往往难以达到要求的精度，测量误差可能为几十厘米。因此，在河口地区使用这种水位计时必须十分注意。

（3）超声波水位计。超声波水位计是一种把声学技术和电子技术相结合的水位测量仪器。按声波传播介质的区别可分为液介式和气介式两大类。图 2.4-23 为液介式超声波水位计。

超声波水位计的工作原理：声波在介质中以一定的速度传播，当遇到不同密度的介质分界面时，则产生反射。超声波水位计通过安装在空气或水中的超声换能器，将具有一定频率、功率和宽度的电脉冲信号转换成同频率的声脉冲波，定向朝水面发射。此声波速到达水面后被反射回来，其中部分超声能量被换能器接收又将其转换成微弱的电信号。这组发射与接收脉冲经专门电路放大处理后，可形成一组与声波传播时间直接关联的发、收信号，同时测得了声波从传感器发

图 2.4－23　液介式超声波
水位计

射经水面反射，再由换能器接收所经过的历时（t），历时（t）乘以波速，即可得到换能器到水面的距离，然后换算成水位。

换能器安装在水中的，称为液介式超声波水位计，而换能器安装在空气中的，称为气介式超声波水位计。

根据声波的传播速度（C）和测得的声波来回传播时间（t），可以计算出换能器离水面的距离（H）。

$$H = Ct/2 \qquad\qquad (2.4-4)$$

由换能器安装高程可以得到水面高程，也就是水位值。

（4）雷达水位计。雷达水位计的工作原理与气介式超声波水位计完全一致，只是不使用超声波，而是向水面发射和接收微波脉冲。雷达发射接收的是微波，所以雷达水位计也称为微波水位计。

与超声波相比较，在可能的气温变化范围内，微波在空气中的传播速度，可以被认为是不变的。这就使雷达水位计无须温度修正，大大提高了水位测量的准确度。微波在空气中传输时损耗很小，不像超声波必须要较大的功率才能传输（包括反射）较大的范围，因而，超过 10m 水位变幅，气介式超声波水位计就很困难，而雷达水位计可以用于更大的水位变化范围。

雷达水位计既不接触水体，又不受空气环境的影响，优点很明显。它可以用于各种水质和含沙量水位测量，准确度很高，而不受温度和湿度影响，可以在雾天测量。水位测量大并且基本没有盲区，功耗较小便于电源的设置。因此，它的应用前景很好，但这类仪器较贵。空中的雨滴、雪花会影响它的测量，这是它的缺点。

（5）激光水位计。激光水位计的工作原理与气介式超声波水位计完全相同，但发射接收的是激光光波。工作时，安装在水面上方的仪器定时向水面发射激光脉冲，通过接受水面对激光的反射，测出激光的传输的时间，进而推求水位。

激光水位计基本上是一体化结构。内部包括激光发送接收部分、发送接收控制部分、信号处理输出部分。

激光水位计具有量程大、准确性好的优点。与雷达水位计相比，激光水位计利用激光光速极为稳定，光的频率更高，传播的直线型很好，所以激光水位计的水位精度高，也非常稳定。一般的激光水位计都能测到较大量程的水位变幅，它的水位准确度也很高。但激光水位计的使用场合会受水体情况的限制，对环境要求较高，使它不能普遍使用。它的价格也较贵，使用中更容易受雨、雪影响。

2.4.3.3　流量监测设备

1. 排水泵站流量监测设备

排水泵站是在排水管道的中途或者终点需要提升废水时设置的泵站，其主要组成部分是泵房和集水池。泵站内采用超声波流量计监测排水管道内的流量及累计排水量，监测泵站管道内水量损失。常用的流量计量仪表包括超声波流量计、超声波水表、远传脉冲水表、电磁流量计等。流量仪表的主要作用是测量管道内水流的瞬时流量、瞬时流速、累计流量等数据。

（1）超声波流量计。超声波流量计广泛用于工业现场中各种液体的在线测量，适用于有电源的工作现场。超声波流量计的主机分为壁挂型、本地型、模块型、盘装型和一体型（图 2.4 - 24）；传感器分为外敷式、插入式、管段式等（图 2.4 - 25）。

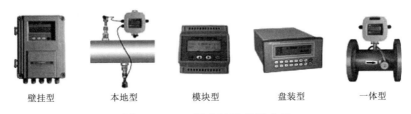

| 壁挂型 | 本地型 | 模块型 | 盘装型 | 一体型 |

图 2.4 - 24　超声波流量计主机

超声波流量计与传统流量仪表相比，对水流介质无要求，非接触、无压损、不破坏流场，可用于管道及各类明渠、暗渠的流量测量。超声波流量计流量测量范围宽、安装维修方便，但对管道壁面的要求较高，不能用

外敷式

插入式

管段式

图 2.4-25　超声波流量计传感器

于衬里或结垢太厚的管道，不能用于衬里（或锈层）与内管壁剥离或锈蚀严重的管道。

（2）超声波水表。超声波水表采用超声波时差原理计量管道内水的流量，被广泛应用于水资源管理和自来水行业的流量监测与计量收费。按照传感器的安装方式，超声波水表可分为分体外夹式、分体插入式和标准管段式三类（图 2.4-26）。

分体外夹式

分体插入式

标准管段式

图 2.4-26　超声波水表安装方式

超声波水表具有防水等级高和电池自供电的特点，特别适用于环境恶劣、无电源的现场。该类水表与机械式水表相比较具有精度高、可靠性好、量程比宽、使用寿命长、无任何活动部件等特点。超声波水表对管道壁面的要求同样较高，不能用于衬里或结垢太厚的管道，不能用于衬里（或锈层）与内管壁剥离或锈蚀严重的管道。

（3）远传脉冲水表。远传脉冲水表用于计量流经封闭管道的水体积总量，适用于单向水流的自来水、井水、河水等。

远传脉冲水表具备防磁干扰、抗水冲击、流通能力大、压力损失小等特点。远传脉冲水表适用于水体杂质较少的测量场合，因为杂质（如石子、泥沙等）会对水表的叶轮造成损坏，缩短其使用寿命。远传脉冲水表应防止暴晒和冰冻，冰冻期间需采取防冻措施。

远传脉冲水表有光电直读远传大口径和垂直螺旋式，如图 2.4-27 所示。

（4）电磁流量计。电磁流量计是根据法拉第电磁感应定律来测量管道

（a）光电直读远传大口径　　　　　　（b）垂直螺旋式

图 2.4-27　远传脉冲水表

内导电液体体积流量的感应式仪表，按照安装方式可分为管段式和插入式（图 2.4-28）。

管段式　　　　插入式

图 2.4-28　电磁流量计安装方式

电磁流量计具有测量精度高、存储容量大、响应速度快、结构简单、故障率低等诸多优点，被广泛用于给水排水、水利灌溉、水处理、污水测控等领域的流量测量。电磁流量计对测量介质的导电性要求高、功耗较大，较适合大口径计量的应用。电磁流量计需安装在无振动、无强磁场的场合，安装时必须使变送器和管道有良好的接触及良好的接地。

常用流量仪表对比见表 2.4-1。

表 2.4-1　　　　　　　　常 用 流 量 仪 表 对 比

仪表种类	测量精度	信号输出	安装维护	价格
远传脉冲水表	≤±5%	脉冲	需停产，切割管道安装	低
超声波水表	≤±2%	RS232/RS485	外夹式、分体插入式可带压不停产安装；管段式需停产、切割管道安装	较高
超声波流量计	≤±1%	RS232/RS485	外敷式、插入式可带压不停产安装；管段式需停产、切割管道安装	较高
电磁流量计	≤±0.5%	RS232/RS485	插入式可带压不停产安装；管段式需停产、切割管道安装	高

2. 城市管网流量监测设备

（1）城市河道流量监测设备。河道上主要采用雷达流速仪、转子式流速仪及各种 ADCP 流量计测流，还有的在河道上采用水位-流量关系推算流量或根据闸门开度曲线查得流量。

1) 雷达流速仪。雷达利用目标对电磁波的反射（或散射）来发现目标并测定其位置和速度：利用接收水体表面回波与发射波的时间差来测定距离，利用电波传播的多普勒效应来测量目标的运动速度，并利用目标回波在各天线通道上幅度或相位的差异来判别其方向。超高频雷达 UHF 测流系统还利用了 Bragg 散射理论，即当雷达电磁波与其波长一半的水波作用时，同一波列不同位置的后向回波在相位上差异值为 2π 或 2π 的整数倍，因而产生增强性 Bragg 后向散射。

2) 转子式流速仪。转子式流速仪是根据水流对流速仪转子的动量传递而进行工作的。当水流流过流速仪转子时，转子受到流体的冲击力，从而产生旋转运动。通过测量转子旋转的角速度，可以计算出流体的速度和流量。

我国转子式流速仪的发展起步晚，大致经历了进口、仿制和创新三个阶段。1943 年仿制了美国普莱斯旋杯式流速仪，结束了长期依赖

图 2.4 - 29　雷达流速仪

进口的历史。经过多年使用和改进，于 1961 年定型，并按国家标准命名为 LS68 型旋杯式流速仪。在此基础上又研制了 LS78 型旋杯式低流速仪和 LS45 型旋杯式浅水低流速仪。这三种仪器组成我国水文测验中旋杯式系列流速仪，主要用于中、低流速测量。

为适应我国河流流速高、含沙量大、水草漂浮物多的特殊水情，1956 年仿制苏联旋桨式流速仪并经改进后命名为 LS25 - 1 型旋桨式流速仪，后又经过科技攻关，研制了适应高流速、高含沙的 LS25 - 3 型、LS20B 型旋桨式流速仪。在此期间，为满足水利调查、农田灌溉、小型泵站、大型水电站装机效率试验以及环保监测需要，研制了 LS10 型、LS1206 型旋桨式流速仪。上述仪器为我国水文测验中的旋桨式流速仪系列（姚永煦，2001）。

3) ADCP 测流。根据多普勒效应原理测量流速的仪器主要有点流速测量的多普勒点流速仪 ADV、剖面流速测量的多普勒流速剖面仪 ADCP、线流速测量的定点式 ADCP。换能器发射的声波能集中于较窄的范围内，

也称为声束。换能器发射固定频率的声波，然后聆听被水体中颗粒物散射回来的声波。假定颗粒物的运动速度和水体流速相同，当颗粒物的运动方向接近换能器时，换能器聆听到的回波频率比发射波的频率高；当颗粒物的运动方向背离换能器时，换能器聆听到的回波频率比发射波的频率低。

按照声学多普勒测速安装方式，可以分为水底岸侧横向安装的 H - ADCP、河底垂向安装或水面浮标安装的 V - ADCP 以及走航式 ADCP 三种，H - ADCP 可安装在河岸、渠道侧壁或其他建筑物侧壁上，进行横向流速测验；V - ADCP 可安装在河底或水面，进行垂线流速测验；走航式 ADCP 借助船或缆道实施测流。

4）视频流速仪。以自然光为光源，通过分析河流表面波纹、漂浮物、泡沫等示踪物在河流表面天然流动特征运动引起的河流表面灰度变化情况，进而获得河流表面的速度矢量场。采用变高水面倾斜摄像测量技术，现场无需布设任何地面控制点，具有非接触式全场流速测量的特点，基于嵌入式边缘计算终端，实现图像法测流技术的现地计算，可实现复杂环境条件下表面流速的 24h 实时监测。其在线监测系统由免像控网络摄像机、边缘计算终端、边缘控制网关、水面补光灯及供电系统等组成，结构示意如图 2.4 - 30 所示，现场应用如图 2.4 - 31 所示。

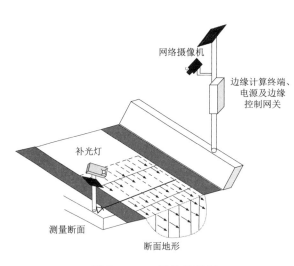

图 2.4 - 30　结构示意图　　　图 2.4 - 31　视频流速仪测流
（高邮南关干渠）

5）超声波无线时差法测流。无线时差法流速仪为接触式声学测流设备，主机与从机之间实现特高频（UHF）无线通信协作，通过分别接收由对方发送的经河道传播的水声信号，测量同步时间差值并计算出层流速，经数据模型处理获得断面平均流速，可利用外接水位计数据，应用流量算法模型，输出实时断面平均流量。无线时差法流速仪实施布置示意如图2.4-32所示。

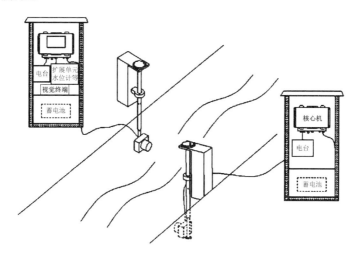

图 2.4-32 无线时差法流速仪实施布置示意图

无线时差法流速仪分为主机、从机两部分，分布于河流两岸，其中从机数量不限于 1 台。单台主机或从机又包括水上部分和水下部分。水上部分主要为设备机柜和发电装置，发电装置主要为直流（发电）/交流充电控制装置，设备机柜内有核心机、边缘控制终端（也叫网关，含 RTU、DTU 功能）、储能电池、外接水位计和外围电气配件。水下部分一般包括换能器、安装支架。图2.4-33 所示为超声波无线时差法测流的现场应用情况。

（a）南通焦港 　　　　　　　（b）重庆琼江

图 2.4-33 超声波无线时差法测流

6）水位流量关系法。对于河道中上游的水文测站，断面水位流量关系主要以绳套线性和单一线性为主。可以根据断面的实测水位利用水位流量关系直接推求断面流量。一般可采用连时序法定线，单一线与绳套曲线相结合，部分时间段在单一线上推流，其他时间段按照绳套曲线推流。如果不间断连续测验流量，水位流量关系表现为连续绳套，对流量测验时机的把握和数据代表性等要求更高。

水位流量关系分为稳定和非稳定两种，稳定的水位流量关系水位和流量为单值关系曲线，造成河道不稳定的因素有多种，如洪水涨落、冲淤、回水顶托、结冰等。稳定时通常采用面积流速法测得水位流量实测数据，使用最小二乘法将水位流量关系拟合成幂函数、多项式等。针对受洪水涨落、回水等因素影响时，规范中常用的方法是校正因数法、落差法、涨落比例法、补偿河长法等建立水位流量关系来根据水位进行推算流量。

（2）城市排水管网流量监测设备。在排水管网中安装流量计，对区域管网中部分关键点进行流量、水位及流速的监测，可以准确全面了解区域内排水规律和管网的运行现状，为管网的日常运行管理提供有效的数据支持，提高排水管网的现代化科学管理水平。在城市排水管道或渠道重要部位安装气介式超声波水位计或液介式超声波水位计，通过测得的水位来推算流量。

堰槽式明渠流量计是用于测量自流非满管、开口排放渠道液体流量的仪表。明渠流量计应用于所有城市供水引水渠、电厂冷却水引水和排水渠、污水治理流入和排放渠、工矿企业的化工液体、废水排放以及水利工程和农业灌溉用渠道。

1）工作原理。明渠内的流量越大，液位越高；流量越小，液位越低。对于一般的渠道，液位与流量没有确定的对应关系。因为同样的水深，流量的大小还与渠道的横截面积、坡度、粗糙度有关。在渠道内安装量水堰槽，由于堰的缺口或槽的缩口比渠道的横截面积小，因此，渠道上游水位与流量的对应关系主要取决于堰槽的几何尺寸。同样的量水堰槽放在不同的渠道上，相同的液位对应相同的流量。量水堰槽把流量转成了液位。通过测量量水堰槽内水流的液位，再根据相应量水堰槽的水位-流量关系，反求出流量。

2）堰槽式明渠流量计组成。堰槽式明渠流量计由流量转换器、液位计、量水槽堰三部分组成。

流量转换器接收液位计输出的液位深度信号，根据堰槽的类型及堰槽尺寸、液位深度与流量的关系式计算出流过堰槽的瞬时流量、累计流量。

明渠流量计所用的液位计主要是超声波液介式水位计和超声波气介式水位计。

量水堰槽的形状很多，常见的有三角堰、矩形堰、等宽堰等。巴歇尔槽明渠流量测量的辅助设备，堪称最完美水槽。如果条件允许，最好选择巴歇尔槽，因为巴歇尔槽的水位-流量关系是由实验室标定出来的，而且对于上游行进渠槽条件要求较低。而三角堰和矩形堰的水位-流量关系来源于理论计算，容易忽略一些使用条件，带来附加误差。

巴歇尔槽为矩形横断面短喉道槽，由水流方向上游的收缩段、喉道段和下游扩散段组成。收缩段的槽底向下游倾斜，扩散段槽底的倾斜方向与喉道槽底相反。按喉道宽度尺寸分为三种类型，即小型槽、标准型槽和大型槽。巴歇尔槽的流量测量范围为 $0.3 \sim 335000 \text{m}^3/\text{h}$。根据最小流量和最大流量确定巴歇尔槽的结构尺寸。由于巴歇尔槽需要嵌入现场的渠道内，所以当流量范围一定时对渠道宽、高最小尺寸有要求。

随着科学技术的发展，现在采用超声波流量计来直接测流，如采用 V-ADCP 用于管道和明渠的流量在线测流。但这种监测设备的缺点是价格高，一台设备要花十几万元甚至二十多万元。下面重点介绍 V-ADCP。

（3）V-ADCP。V-ADCP 是美国 TRDI 公司采用宽带专利技术生产的新一代高精度声学多普勒渠道流量计，如图 2.4-34 所示，可同时测量流量、水位及断面流速分布（图 2.4-35）。

1）V-ADCP 的优点。①自容式数据采集：V-ADCP 内置电池和记录卡，可以连续进行数月的现场数据采集，在现场非常容易将数据下载到便携计算机中。②在线实时数据采集：V-ADCP 作为现场传感器与遥测传输系统集成为水量自动监测系统（站），在办公室或分中心就可以直接查看现场实时数据。③便

图 2.4-34　V-ADCP 声学多普勒流量计

携式流量计：V-ADCP 便于携带、安装简便，可以用于野外多个站点的流量、水位常规巡测或临时测验。

美国生产河流、明渠等地表水流量测量的高精度多普勒产品已有 25

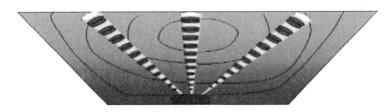

图 2.4 - 35　河道断面示意图

年以上经验，在长期的使用过程中显现出坚固、可靠、持久耐用的特点。

2）V - ADCP 的特点。①采用 Teledyne RD 仪器公司宽带专利技术，精度高、分辨率高；②流速测量单元为 3～150 个，单元尺寸为 3～20cm，剖面范围为 0.2～5m；③非常直观的软件操作界面；④高精度超声波水位计；⑤安装在渠底的微型换能器对水流扰动较小；⑥无须标定，省时、省力；⑦三种灵活的应用方式，即自容、在线实时、便携。

2.5　城市洪涝信息监测面临的机遇

"十四五"时期是我国发展的重要战略机遇期，是加快水利改革发展的关键期，是水文支撑服务能力全面提升的攻坚期，也是水文监测发展的蓬勃期。水文监测是水文支撑服务的基础，为水文服务提供水文基础数据。

水文工作是防汛抗旱和水资源管理的重要基础，直接关系人民生命财产安全和经济社会发展大局。水文工作者必须提高政治站位，胸怀"国之大者"，着眼人民日益增长的美好生活需要，全面提升水文监测监控覆盖率和精准度，为统筹解决新的水问题提供科学依据，给人民带来更多实实在在的幸福感、安全感。关于智慧水利建设，在水利部部长专题会上提出建设"2＋N"（"2"指流域防洪体系和水资源管理与调配体系，"N"指水利其他业务体系）结构的智慧水利。流域防洪体系主要包括感知能力建设和决策支持系统建设两部分，更加强调了以流域为单元的重要性。

流域防洪体系感知能力建设要通过高分辨率航天、航空遥感技术和地面水文监测技术的有机结合，推进建立流域洪水"空天地"一体化监测系统，提高流域洪水监测体系的覆盖度、密度和精度；要优化山洪灾害监测站网布局，将雷达测雨纳入雨量常规监测范畴。水资源管理及调配体系与流域防洪体系类似，同样包括感知能力建设和决策支持系统建设两方面内容。水资源管理与调配体系感知能力建设要加强监测体系建设，优化行政区界断面、取退水口、地下水等监测站网布局，实现对水量、水位、流量、水质等全要素的实时在线监测，提升信息捕捉和感知能力。水利部部长提到智慧水利本质意义的构建，是数字支撑的，数据来自水文监测。

"十四五"水文工作的总体目标中明确提出建立覆盖全面的"空天地"一体化水文监测体系；实现水文全要素、全量程自动监测。城市洪涝通过遥感技术和地面水文监测技术相结合，推进建立"空天地"一体化洪涝信息监测体系，构建突发水事件的应急监测分析体系，提升应急处置快速决策水文支撑能力。

2.6　小结

本章详细介绍了国内外洪涝信息监测的技术现状和面临的挑战，国外洪涝信息监测部分重点介绍了美国、日本、北欧等国家和地区洪涝信息监测常用的技术；国内洪涝信息监测技术部分重点介绍了洪涝信息监测涉及的降雨、水位、流量等要素的监测技术现状，指出构建"空天地"城市洪涝立体监测体系，显著提升应急决策能力是必然发展趋势。

第 3 章　我国典型城市洪涝信息监测技术现状

3.1　北京

3.1.1　概述

北京城区地处山前迎风带,特殊的地形特征和气候条件,决定了该地区是暴雨多发区,也是洪涝灾害的重灾区。

3.1.1.1　地形地貌

北京地处华北平原的北端,西部、北部和东北部为山区,东南部为平原。其中山区占 62%,平原占 38%。

北京的地形西北高,东南低。西部为西山,属太行山脉,山脊平均高程为 1400~1600m;北部和东北部为军都山,属燕山山脉,山脊平均高程为 1000~1500m。两山脉相连形成北部平均高程为 1000m 的弧形天然屏障。最高的山峰为门头沟区的东灵山,高程为 2303m。最低的地面为通州区东南边界,高程不足 10m。西北部山区的延庆盆地高程在 480m 左右。

地貌由西向东、由北向南呈中山、低山、丘陵过渡到洪冲击台坡地及平原。山区山脉层叠,地势是阶梯状下落。由于山脉交接、断裂、下陷和侵蚀作用,形成了古北口、南口和官厅山峡三条进入北京平原的风道。北京平原区,地势平坦广阔,而在山麓台地及山路平原上却零星分布着一些岛山、沙丘和山岗。平原的东南部是低洼地区。

3.1.1.2　河流

北京境内从东到西分布有泃河、潮白河、北运河、永定河、拒马河 5 条河流,分别属海河流域的蓟运河、潮白河、北运河、永定河、大清河五大水系。除北运河发源于本市外,蓟运河、潮白河、大清河三大水系发源于河北省,永定河发源于山西省和内蒙古自治区。

(1) 泃河是蓟运河的上游河道,发源于河北省兴隆县,在平谷区刘家峪村东北入境，纳汝河和金鸡河至南宅村东南出境，境内流域面积为1377km²，山区、平原各占一半。自海子水库坝下至市界，河道全长32km。

（2）潮白河上游为潮河和白河。潮河自密云区古北口村入境，白河自延庆区白河堡村北入境，在密云区城西南的河槽村汇流后称潮白河，南行至沙务村出境，入潮白新河于天津北塘直接入海。境内流域面积为5613km²，其中山区为4605km²，平原为1008km²，河道全长118km。

（3）北运河是北京城近郊区的主要排水河道，通州区北关拦河闸以上称温榆河，以下称北运河，境内流域面积为4423km²，其中山区为1000km²，平原为3423km²，自通州区北关拦河闸至市界牛牧屯，河道全长36km。

（4）永定河上游为桑干河和洋河，在河北省怀来县朱官屯村汇合后称永定河。于怀来县幽州村以南进入北京境内。贯穿门头沟东部，石景山区、丰台区的西部，穿过大兴区、房山区之间，再转东南，形成本市与河北省涿鹿县、固安县的界河，在大兴区崔指挥营村东出境，境内流域面积为3168km²，其中山区为2491km²，平原为677km²，河道全长187km。

（5）拒马河发源于河北省涞源县，在房山区西部入境，其支流大石河、小清河分别发源于房山区和丰台区，流经房山区、门头沟区和丰台区，在河北省涿州市佟村汇入拒马河后称白沟河，境内流域面积为2219km²，其中山区为1615km²，平原为604km²。

上述各河均具有以下三个特征：①洪枯水量相差悬殊，洪水集中在汛期6—9月；②洪涝灾害偏多；③年径流量有明显的地区分布规律，东部较西部多19％，山区径流约占全市的70％。

（6）市区内有通惠河、凉水河、清河、坝河等4条主要排水河道及30多条较大支流，大部分由西向东南汇入北运河（温榆河），流域面积为1255km²。通惠河水系位于市中心区，包括护城河系、内城河系、金河、长河、南旱河等，流域面积为258km²，是西山地区、城区及东郊的主要排水河道；凉水河位于市区南部，其上游有新开渠、莲花河等，为城西、南郊的主要排水河道，同时，通过右安门分洪道，还担负着南护城河的分洪任务，总流域面积为624km²；清河位于市区北部，主要支流万泉河、小月河及西北土城沟，为城西、北郊的主要排水河道，同时，通过京密引水渠的昆玉段经安河闸，还担负着玉渊潭以西地区的分洪任务，总流域面积为217km²；坝河位于市区的东北部，主要支流有北小河、东北土城沟及亮马河，为城东北郊的主要排水河道，同时，通过东北城角的坝河分洪道，还担负着北护城河分洪的任务，总流域面积为 156km²。

市区内现有湖泊 26 个，总面积约为 600hm²，这些湖泊中有些原是历代皇家园林的组成部分，如昆明湖、北海、中南海等；有的是中华人民共和国成立后利用坑塘、洼淀开辟的人工湖，大多已成为公园的观赏水面，如紫竹院湖、八一湖、陶然亭湖、龙潭湖、红领巾湖等。部分湖泊在汛期还担负着城市洪水的调蓄任务。

3.1.1.3　气候

北京的气候为典型的暖温带半湿润大陆性季风气候，夏季炎热多雨，冬季寒冷干燥，春、秋短促。年平均气温为 10～12℃，1 月平均气温为 −7～−4℃，7 月平均气温为 25～26℃。极端最低气温为 −27.4℃，极端最高气温为 42℃以上，全年无霜期为 180～200d，西部山区较短。年平均降雨量为 585mm，为华北地区降雨最多的地区之一，山前迎风坡可达 700mm 以上，降水季节分配很不均匀，全年降水的 75% 集中在夏季，7 月、8 月常有暴雨。

北京地区形成暴雨的天气系统有内蒙古低涡低槽、西南低涡、切变线、回流、内蒙古低涡、台风、西来槽、西北低涡等 8 类。特大暴雨的天气系统主要是内蒙古低涡低槽、台风、西南低涡；其次是西北低涡和内蒙古低涡在一定的环流形势天气系统影响下，加上特殊地形的作用而产生的。每当夏季，东南风、西南风挟带大量水汽从海洋输送到大陆，其方向几乎与太行山、燕山的走向垂直；当水汽到达北京后受到西山、军都山的阻挡，使水汽抬升，导致暴雨。从 1883 年至 1984 年有记录的 43 次特大暴雨来看，暴雨中心大多数位于山前迎风区，只有 1924 年 7 月 12 日暴雨中心在官厅。

暴雨最早出现在 4 月中旬（1964 年 4 月 5 日），最晚出现在 10 月下旬（1977 年 10 月 29 日）。暴雨的最集中期是 7 月下旬至 8 月上旬。

北京地区日平均暴雨为 70～95mm。最大日降水量为 609.0mm（1891 年 7 月 23 日东直门站），最大 1h 降水量为 150mm（1976 年 7 月 23 日密云县田庄）。

3.1.2　北京市洪涝信息监测技术现状

3.1.2.1　站网概述

北京市防办有市级雨量站 121 个、气象部门雨量监测站 356 个，布设密度大，能实现降水、水位信息的实时采集。北京城区还有 100 个下凹式立交桥的积水监测点，能实时采集数据。五环以内在河道重要节点、泵站排水口、污水处理厂出水口等易发生积水点处新建监测站点 157 个，整合易积水监测站点 243 个，共计 400 个；北京水文总站 2001 年以前的雨量监测以防办为主，"7·21"后完成 170 个雨量站的改造，增加北斗卫星，保证监测到的数据的备份。冬天降雪需称重式雨量计，已经增加了 16 个称重式雨量计和 21 个翻斗式雨量计的安装，后续根据需要还会继续增加。排水处 3 年行动计划实现泵站改造 84 座，河道治理 1460km，每个新建排水泵站都要配备调蓄池。图 3.1-1 所示为城区积水站点分布图。

3.1.2.2　降水观测设备

降水量采用人工雨量筒、虹吸式自记雨量计（D6J2 天津、上海）、翻斗式雨量计（JDZ05-1）和称重式雨量计（OTT PLUVIO^2 400）进行观测，图 3.1-2 所示为大红门水文站降雨监测设备。

3.1.2.3　水位监测设备

河道测水位以前用浮子式（WFH-2A）和气泡式水位计，由于气泡式水位计气泵容易坏，再加上北京水的含沙量比较大、容易堵、运维麻烦等，现在河道水位监测以雷达水位计（SEBA PLUS20）和视频水位计为主，如图 3.1-3 所示，并辅以喷绘水尺人工读数，如图 3.1-4 所示。

3.1.2.4　流量监测设备

北京测流仪器表面流速仪器较多，例如超声波流速仪、雷达流速仪 RQ30。由于河道水位较低，H-ADCP 式和走航式 ADCP 应用较少，采用 V-ADCP 式等。其他测流设备还有转子式流速仪、电波流速仪测验、浮标法或水位-流量关系推算或根据闸门开度曲线查得。流量和流速相关监测设备如图 3.1-5～图 3.1-12 所示。

3.1.2.5　大钟寺桥泵站

大钟寺桥泵站总汇水面积为 4.29hm^2，泵站洪水重现期为 5 年，调蓄池总有效容积为 4817m^3，其中初期雨水池有效容积为 704.36m^3，雨水调蓄池有效容积为 4112.64m^3，该泵站采用双路供电方式。该站采用翻斗式自记雨量计，水位采用人工观测，流量采用铭牌换算。

大钟寺桥泵房机组和监控室如图 3.1-13 和图 3.1-14 所示，其排水应急抢险车如图 3.1-15 所示。

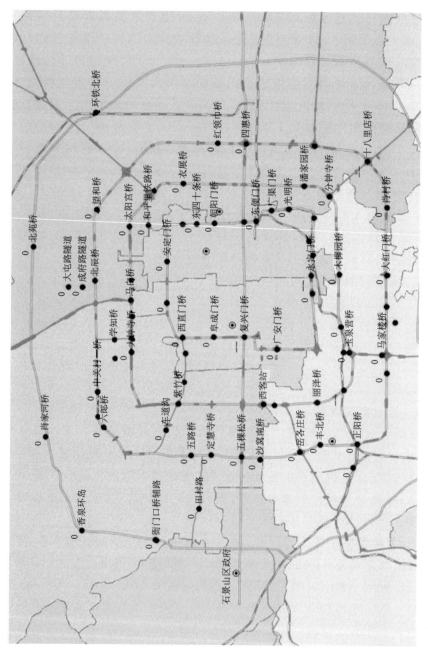

图 3.1-1　城区积水站点分布图

（a）D6J2型虹吸式自记雨量计

（b）自记雨量计

（c）JDZ05-1型翻斗式雨量计

（d）称重式雨量计

图3.1-2 大红门水文站降雨监测设备

（a）雷达水位计（清河沈家坟闸）

（b）雷达水位计（鲁疃闸）

（c）视频水位计（大红门桥）

（d）视频水位计（河道）

图 3.1-3　水位监测设备

图 3.1-4　河道人工水位监测
（大红门水文站）

图 3.1-5　非接触式流量监测系统
RQ30（大红门水文站）

图 3.1-6　接触式在线流量监测系统
H-ADCP（乐家花园水文站）

图 3.1-7　H-ADCP 主机

图 3.1-8　接触式在线流量监测系统
V-ADCP（奥运公园暗渠出口）

图 3.1-9　走航式 ADCP

图 3.1-10　手持式电波流速仪

图 3.1-11　无线遥控
雷达波测流系统

图 3.1-12　表面流速监测探头
（清河沈家坟闸）

图 3.1-13　大钟寺桥
泵房机组

图 3.1-14　大钟寺桥泵站监控室

图 3.1-15　排水应急抢险车

3.1.3　北京市洪涝信息监测存在的问题

北京市洪涝信息监测存在的问题如下：

（1）翻斗式雨量计易堵塞，日常维护工作量较大。

（2）超声波水位计抗干扰能力较弱，数据跳点异常值现象较明显，使用中对数据成果处理工作量较大。

（3）雷达水位计数据采集相对稳定，但也会出现跳点现象，通常在对设备配置后可消除跳点。

（4）定期对泵站监测设备进行维护，清理翻斗式雨量计内的杂物，防止堵塞；擦洗摄像头使视频更清晰等。

3.2　上海

3.2.1　概述

上海位于北亚热带南缘，东濒长江入海口，南枕杭州湾，属于亚热带海洋性季风气候，受台风影响和降雨较多，且降雨时空分布不均匀。多年平均年降水量为 1123mm，历年最大年降水量为 1774.3mm（1985 年）；1 日最大降水量为 196.6mm，1h 最大降水量为 94.0mm；平均降雨日为 132d，年雷暴日为 26d；全年总降水量的 60% 集中在汛期（5—9 月），汛期最大降水量为 886.4mm（1980 年）。全年雨量约 60% 集中在汛期，平均降水量约为 640mm。汛期最大值为 886mm（1980 年），最小值为 160mm（1967 年）。

据史料记载，上海平均每 3 年发生一次涝灾、每 5 年发生一次风暴潮灾、每 10 年发生一次洪灾。特别是 20 世纪 90 年代以来，因受全球气候变暖、海平面上升，以及热岛效应、地面沉降等多种因素的交互影响，使风灾、水患呈现出更加复杂、多变、突发的态势。

（1）台风灾害威胁。受东亚季风盛行的影响，平均每年影响上海的台风有 2 次，最多一年达 6 次。1949 年 7 月 25 日，6 号台风在上海金山、浙江平湖间登陆，上海风力达 12 级，全市普降大暴雨，累积雨量达 182mm，市区严重受淹，水深为 0.3～2.0m，沿海海塘决口 500 多处。

（2）暴雨灾害威胁。极易形成局部地区强对流天气和突发暴雨。1977 年 8 月 21 日，特大暴雨袭击本市，北部地区 230km² 范围被 400mm 暴雨圈所笼罩，其中宝山塘桥地区日雨量达 581.2mm。暴雨造成部分地区严重内涝，积水 1m 以上，121 万亩农田受淹，倒房 2000 多间。2001 年 8 月 5—9 日，中心城区连续 5d 雷暴雨，造成 6.4 万户民居进水，徐家汇地区累积雨量高达 480mm，创下有气象记录 128 年以来的最高。

（3）风、暴、潮、洪"三碰头""四碰头"威胁。随着太湖流域综合治理骨干工程的实施，上游洪水下泄速度加快，瞬时流量增多，黄浦江潮位屡创新高。台风、暴雨、高潮位和上游洪水"三碰头""四碰头"出现的概率越来越大，成为上海的心腹之患。气象研究表明近 40 年上海地区雨量总体呈正增长趋势，有日暴雨量超过 400mm 的记录，也有局部地区小时暴雨量近 100mm 的记录。据统计，近 5 年来，上海市中心城区雨水系统运作情况较为正常，道路积水超过 2h 的路段数逐年减少。然而因短时强降雨、台风、高潮等自然因素影响，造成城郊结合部或郊区车行下立交、高速铁路下穿孔、人行地道等区域，在极端灾害天气情况下，积水依然严重和经常发生。2013 年 6 月 1 日至 10 月 12 日，上海共有 3 场强降雨造成市区共计 195 条（段）次道路积水，其中以 9 月 13 日和强台风"菲特"影响最为严重，暴雨造成近郊自流地区多处道路、下立交严重积水且退水较慢，给人民的生命财产安全、交通出行等带来了极大损失。

3.2.2　上海市洪涝信息监测技术现状

3.2.2.1　站网概述

上海市水文总站从 2011 年开始对全市雨量站进行了改造整顿，现有 315 个雨量站，市中心大概每 7km² 就有一个雨量站，站网密度满足城市洪涝的防汛要求。雨量计采用的是上海仪器厂的双翻斗式雨量计，雷达测雨做过几个试点，考虑到投入比较大且没找到合适的场地及合作单位，未大范围使用。

根据市政道路管理部门统计，截至 2013 年年底，上海市现有下立交 563 处，容易积水且程度在一般、严重、危险程度以上的有 397 处，其中积水程度危险（历史积水记录超过 1m）共有 46 处，积水程度严重（历史积水记录超过 25cm）共有 100 处，积水程度一般的有 251 处。为有效应对台风、暴雨等灾害天气引起下立交积水事件，提高上海城市排水安全保障能力与应急水平，上海市从 2010 年开展下立交及道路积水监测系统建设。2010 年 3 月完成了外环内、莘庄及浦东机场迎宾大道、世博园区的 37 处下立交（地道）的积水自动监测点建设，初步实现了重要下立交的积水数据的自动上报、信息查询、信息报警等功能。但由于下立交积水自动监测点数量不到全部下立交总量的 20%，覆盖面小，不能全面了解全市下立交道路积水情况，2012 年，上海市排水管理处负责二期 91 处下立交自动监测建设，实现全市范围内主要下立交的积水自动监测和预警。2015 年，为了充分利用自动监测、计算机、通信、网络等技术，在上海市下立交积水监测系统（一期、二期）的基础上，扩建上海市下立交的积水自动监测系统，计划利用 3 年时间基本实现下立交积水自动监测的全覆盖（图 3.2 - 1）。其中：2015 年前对历史积水超过 25cm 的下立交加装积水监测设备；2016 年前对余下有积水记录的下立交加装积水监测设备；2017 年前基本实现全市下立交全覆盖。目前由市水务局、防汛办牵头组织建成下立交积水监测点 136 处（图 3.2 - 2）。2013 年至今，下立交积水监测系统共监测积水次数 941 次（每个站点一天连续积水视为积水 1 次），累计发送报警短信 81779 条。其中多处积水达 100cm 以上，如嘉定区 S5 丰翔公路下立交（S5 沪嘉南翔立交）、沪嘉高速古浪路 1702 弄地道（沪嘉 4）、沪宁铁路祁连山路地道。已建成的下立交积水监测系统，在暴雨、台风等城市内涝灾害发生期间发挥重要作用，起到实时监测、及时报警、快速处置的作用。通过积水实时监测信息，防汛指挥部门能够实时了解到汛情灾情，及时调动抢险物资和人员，交通指挥部门及时封闭积水处交通，防止人员和车辆通过，最大程度减少了灾害影响。系统建成运行至今，基本实现了下立交积水数据实时、连续、在线监测，下立交积水数据能及时传至上海水务公共信息平台，通过水务公共信息

图 3.2 - 1 上海市下立交积水监测系统

图 3.2-2　上海市下立交积水监测站点分布图

平台实现与各区县防汛部门、公安、路政等部门的信息发布与共享，为防汛决策指挥和道路交通指挥提供了准确可靠的数据。

上海市排水公司在中心城区建立了 30 余处道路积水监测站点（图 3.2-3），这些监测的信息为城市防汛排水调度、指挥泵站运行、防汛抢险等方面发挥了很好的作用。

3.2.2.2　降水观测设备

降水量采用翻斗式雨量计进行观测。

3.2.2.3　水位监测设备

1．水文站点

上海市水文总站用到的水位计有浮子式水位计、雷达水位计（少）、压力式水位计、超声波水位计和气泡式水位计，其中浮子式和雷达式使用效果好。电子水尺现在处于试验阶段，没有大部分使用。翻斗式雨量计和浮子式水位计分别如图 3.2-4 和图 3.2-5 所示。

2．道路积水点监测

上海市排水处在中心城区对地势低洼、排水系统空白、位于系统末梢或近期难以列入工程改造而存在着较大积水隐患的易积水路段安装 30 处积水监测设备，实时监测管道水位及道路积水。系统采用压力式液位计采集道路积水水深数据。在 4 处重点路段同时使用压力式液位计和超声波液位计，两种传感器可同时采集水位数据，相互校核，以便检测设备的准确性，减少误报。图 3.2-6 为道路积水点监测系统结构图。

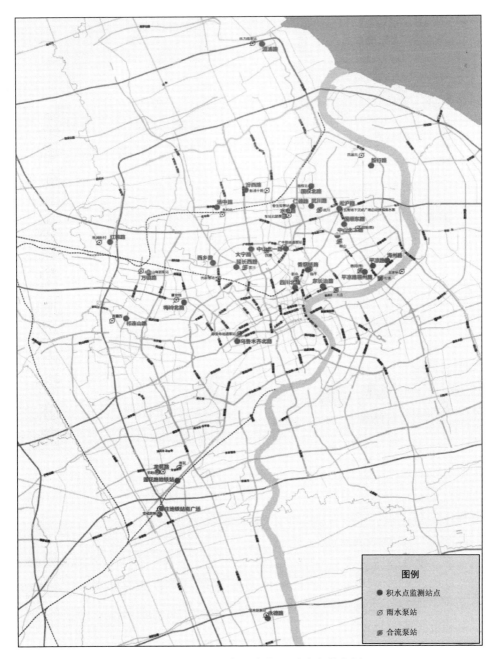

图 3.2 - 3　上海市积水点监测站点分布图

4 处加装超声波液位计的重点路段，其数据处理与传输设备选用上海三高的 DLE - 0600（包括 GPRS 通信模块、采集终端、压力式液位计、超

图 3.2－4　翻斗式雨量计（苏州河）

图 3.2－5　浮子式水位计（南自所）

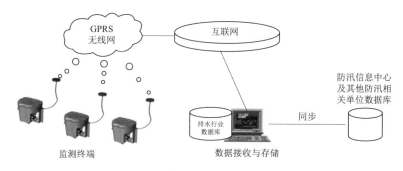

图 3.2－6　道路积水点监测系统结构图

声波液位计），其余 26 处数据处理与传输设备选用上海三高的 DLA－P005（包括 GPRS 通信模块、采集终端、压力式液位计）一体式数据采集设备，如图 3.2－7 所示。

　　3. 下立交积水点监测

　　下立交积水采集系统采用的是电子水尺、遥测终端机、GPRS 终端、大容量锂电池、供电电源、水位电缆及连接器等设备，如图 3.2－8 和图 3.2－9 所示；安装如图 3.2－10 所示，图 3.2－11 和图 3.2－12 为下立交积水电子水尺监测。

3.2.2.4　流量监测设备

　　河道流量监测以前用转子式流速仪，现在用 ADCP。泵站流量监测方面采用铭牌流量乘以开泵时间换算，目前正在做多普勒超声波流量计，试点 18 个。

DLE-0600

DLA-P005

图 3.2 - 7 超声波液位计

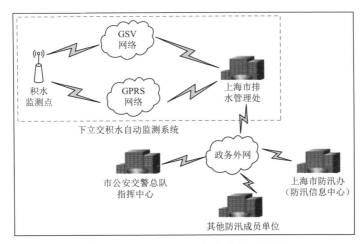

图 3.2 - 8 下立交积水自动监测系统

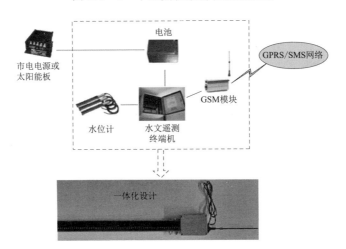

图 3.2 - 9 下立交积水采集系统构成示意图

一期安装　　　　　　　　　　二期安装（一体化）

图 3.2-10　积水点监测安装图

图 3.2-11　下立交电子水尺监测（沪宁铁路外青松公路）

图 3.2-12　下立交电子水尺监测（G1501 东环东川路）

3.2.3 上海市洪涝信息监测存在的问题

（1）现有雨量监测站点密度已经满足防洪排涝的要求，雨量计本身是合格的，但由于安装高度对雨量计的影响以及风对雨量计的影响，如何纠偏需要做进一步的研究。

（2）雨量筒的率定问题，目前只能返厂率定。关于雨量精度问题，5min下 20mm 以内的雨是准的，但是上海雨量大，5min 内超过 20mm 部分的精度得不到保证，特别是在沿海站点风雨很大的时候，测得的雨量偏小很多。

（3）下立交电子水尺监测设备费用低且较稳定，但由于垃圾、泥沙等因素的影响，存在误报现象，故每月都要进行设备的维护，运维压力比较大；利用 GPRS 传数据，容易出现延迟或有时掉线。超声波、雷达水位计设备费用高且安全性不够，整体投入比较难。

（4）道路积水点监测，数据量不够。目前有 30 个道路积水监测点，外加排水公司的 30 个道路积水监测点，主要为压力式水位计，有几个试点为超声波水位计。

（5）软件建设跟不上防汛形势。目前防汛和工程管理机构，缺乏严密的体制机制、精良的应急装备、现代化的管理手段和高素质的人员队伍，与日益变化的防汛形势还不相适应。

3.3 南 京

3.3.1 概述

南京位于长江及其支流水阳江、滁河、秦淮河的下游，是亚热带和暖温带的过渡地区，素有"洪水走廊"之称，图 3.3-1 为南京市水系图。南京四周为低山丘陵，腹部低洼，长江由西南向东北横穿市区。南有水阳江、固城湖、石臼湖，北有滁河，中有秦淮河穿流入江。全市多年平均年降水量为 1019mm。降水量年际变幅较大，全市平均降水量丰水年达1774mm（1991 年），枯水年仅 448mm（1978 年）；降水量年内分配也很不均匀，6—9 月降水量占全年的 60%～70%。梅雨和台风是形成南京地区洪涝的主要天气系统。正常年份梅雨开始于 6 月中旬，结束于 7 月上旬，持续 20d 左右，梅雨量为 220～240mm。影响南京的台风（热带气旋）平均每年 2.5 次，80% 以上发生在 8—9 月。南京汛期在 5—9 月，平均降水量为 625mm。6—7 月，冷暖气团常在本地区交绥，出现梅雨期。7—9

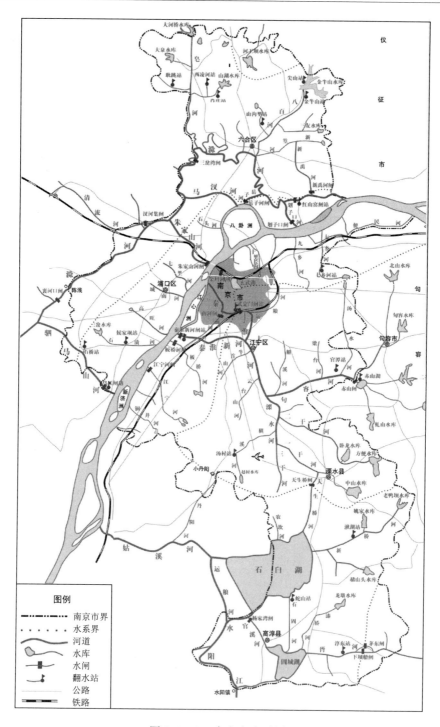

图 3.3-1　南京市水系图

月，有时受热带风暴或台风影响，极易发生大暴雨。长江洪水、当地暴雨、长江下游的梅雨和热带风暴是本市洪涝灾害的主要原因。

长江南京河段上接安徽省马鞍山河段，下连江苏省镇扬河段，河道全长 95km，承接中上游 174 万 km² 土地面积的来水。北起自浦口区林山镇驷马山河口，经浦口区、六合区，迄止六合区大河口，岸线长 85km；南岸起江宁区铜井镇和尚港，经江宁区、雨花台区、建邺区、鼓楼区、下关区、栖霞区，迄止栖霞大道河口，岸线长 98km；长江南京河段是南京地区最主要的行洪河道。受中上游洪水压境和海潮顶托的影响，经常发生洪水，是对南京市社会和经济发展影响最大的一条河流。南京市长江堤防已经按"长江流域综合利用规划"标准，基本完成了堤防达标工程建设。长江南京河段经过多年的治理，河势也得以初步控制。但过去已建工程标准不高，随着水情、工情的变化，特别是 20 世纪 90 年代以来的连续几年大洪水，局部河段的江岸坍塌现象较严重。

滁河源于安徽省肥东县，平行长江东流，经安徽省和南京市浦口、六合区。滁河流域面积为 8000km²，在安徽境内为 6250km²（78.5%），南京市为 1750km²（21.5%）。南京市境内滁河长 113km，其中浦口为 41km、六合为 72km。存在的主要问题是滁河流域上游洪水来量与下游出路不相适应，目前防洪能力只有 8～10 年一遇；一些河段存在堤身单薄、外坡陡立、座湾迎流、内临深塘等险工隐患；主要控制建筑物（如三汊湾闸、划子口闸）工程老化失修，工程效益严重衰减，不能适应抗御特大灾害的需要，急需更新改造。

秦淮河南源出于江苏溧水县东庐山北，北源出于江苏句容市宝华山西南，南北两源在江宁县西北村汇合，经江宁和南京市区，至三汊河入长江。秦淮河流域面积为 2631km²，涉及镇江的句容和南京市的溧水、江宁、雨花台区及市区。秦淮河设计排洪能力为 1400m³/s。目前现状防洪标准约为 20 年一遇。秦淮河流域周边高中间低，支流众多，每逢暴雨汇流快，来水猛，腹部低洼圩区滞洪能力弱，加上长江汛期高水位顶托，洪水不能迅速排出。

固城湖、石臼湖属水阳江、青弋江水系，处于青弋江、水阳江水系与太湖、秦淮河三大水系的交会点。青弋江与水阳江的洪水，因长江洪水顶托倒灌，汇注于固城湖、石臼湖地区，经调蓄后由当涂泄入长江。南京市现有固城湖堤防长 33.0km，石臼湖堤防长 36.1km。1998 年两湖堤防参照长江堤防达标建设，按设计洪水位 12.50m，设计堤顶高程 14.50m 进行达标建设，工程已基本完成。该流域洪水特点为：上中游洪水调蓄能力小，洪水上涨快。洪峰次数多，受长江洪水顶托影响严重。

3.3.2 南京市洪涝信息监测技术现状

3.3.2.1 站网概述

南京正在全力推进城区防汛预警系统建成，如图 3.3-2 示。随着城市建设的不断发展，对城市防汛的响应与处置的快速化要求越来越高。在市住建委、市城管局、市规划局、市财政局、市公安等部门的大力支持下，南京市城区防汛办公室通过近年来对防汛遥测指挥系统的升级改造，不断将城区防汛工作向科学化、快速化、全面化稳步推进。

（a）电台指挥防汛

（b）汛前泵站演练

（c）泵车处置积水

（d）掀井盖助排

图 3.3-2 城区防汛预警系统

（1）不断完善防汛监测系统。共设置 42 个雨量监测点（含气象部门提供的 15 个雨量点），及时了解城区降雨量等重要雨情信息；建设了燕山路、新庄立交桥等 40 个城区主要易积水监测点，迅速掌握城区易积水节点的积水情况，便于及时指挥调度处置。

（2）全力打造视频系统。在公安部的支持帮助下，南京市城区防汛办公室防汛系统接入了市区主要路段的实时监控视频，对集淹水地段的积水状况、积水位置能够直观掌握，利于抢险工作的指挥调度，大幅提高了抢险效率。

（3）全面提升防汛遥测系统。河道水位控制与泵站正常运行是城区行洪排涝安全的重要保障，目前已对城区主要泵站、闸门进行实时数据遥测，确保对玄武湖、金川河等城区主要河道的水位以及各雨水泵站的运行状况及时掌握，合理调控。

（4）不断提高科学指挥系统。在充分利用城区防汛预警系统的同时，南京市城区防汛办公室通过基地台、车载台、手持台等科技手段与各区防汛办公室、相关单位及时沟通，一呼多应，通报天气情况，部署防汛应急准备工作；各巡查小组在发现积水情况时通过电台及时通知抢险应急队伍赶赴现场，迅速处置，并协助做好现场秩序工作，将处置结果第一时间上报市城区防汛办公室，实现了市、区两级防汛办公室和相关部门在汛期的联动，大大增强了城区防汛指挥的机动性和成效性。

3.3.2.2　降水观测设备

降水监测主要采用翻斗式雨量计，如图 3.3-3 和图 3.3-4 所示。南京水利水文自动化研究所安装了一台雷达雨量计，如图 3.3-5 所示，目前，该雷达所测得的数据只用来比对。

3.3.2.3　水位观测设备

南京城区道路积水点有 70 多个，主要采用超声波水位计监测水位，如图 3.3-6 所示。

3.3.2.4　流量观测设备

流量监测设备较少，污水处理泵站采用的是电磁流量计。

（a）JDZ05-1型　　　　　　　　（b）DY1990A型

图 3.3-3（一）　翻斗式雨量计

（c）JDZ05-1型　　　　　　　　（d）JDZ05-1型

图 3.3-3（二）　翻斗式雨量计

图 3.3-4　雨雪量计（JEZ02 型）　图 3.3-5　雷达雨量计（南自所）

（a）燕山路积水监测点　　　　　　（b）辛庄积水监测点

图 3.3-6　超声波水位计

3.3.2.5 积水泵站

目前,南京市有 96 座积水泵站。水位采用雷达水位计和浮子式水位计,还配有人工水尺读数。流量采用铭牌换算。图 3.3-7 为金川河泵站水位监测情况。

（a）金川河泵站　　　　　　　　（b）金川河泵站调蓄池水尺水位监测

（c）超声波水位计（金川河泵站上游）　　（d）超声波水位计（金川河泵站下游）

（e）浮子式水位计（金川河泵站下游）

图 3.3-7　金川河泵站水位监测情况

3.3.3　南京市洪涝信息监测存在的问题

目前流量监测设备自动化程度不够高,因此应加强流量监测这一方面的工作。

3.4　武汉

3.4.1　概述

武汉市是濒临长江、汉水的平原城市。武汉市的洪水主要来自长江和汉水流域的暴雨洪水,武汉以下长江小支流洪水顶托加重了洪水的威胁。此外,市区的集中暴雨也会渍涝成灾,具体原因有以下三个方面。

(1) 降雨时空分布不均,汛期降雨集中。武汉市年均降雨量为1221mm,但时空分布极为不均。4—9 月的降雨量占年平均降雨量的70%～90%,6—8 月的降雨量占全年降雨量的40%。

(2) 四面环水,大部分地区地势低洼。发达的河网湖泊水系,构成武汉地区四面环水,地势低洼的自然环境。据不完全统计,低于多年平均洪水位 25.5m 的面积占 56.2%,除武昌蛇山、凤凰山、汉阳龟山及一些丘陵和江湖洼地外,一般地面高程为 21～27m,低于汛期江面 2～6m。汉口地区地面高程仅少数街道高于 27m,大多在 24m 以下。

(3) 汛期长江、汉水上游洪水峰高量大,发生频繁。武汉市长江、汉水上游及洞庭湖湘江、资水、沅江、澧水共有 140 万 km^2 的客水,年平均过境客水量为 6340 亿 m^3,除 332 亿 m^3 来自汉水外,其余皆来自长江。长江上游巨大的洪水来量远远超过武汉境内河道本身的泄洪能力。在历史上,长江出现洪灾的频率较高,汉代至元代平均 11 年一次,明代平均 9年一次,清代平均 5 年一次。

长江流域洪水由暴雨形成,长江武汉河段的洪水,主要来源于宜昌以上长江干流洪水及洞庭湖水系洪水;汉水武汉河段的洪水,主要来源于丹江口水库上游与唐白河水系;府澴河武汉河段的洪水,主要来源于府河及澴河,滠水来水对府澴河口段有一定影响。

3.4.2　武汉市洪涝信息监测技术现状

3.4.2.1　站网概述

长期以来,武汉城市水文工作一直比较薄弱,"武汉看海"凸显了城市管理和市民百姓对城市水文信息的迫切需求，2015 年武汉作为首批 16 个"海绵城市"建设试点城市之一，城市水文建设面临着新的任务：新建城市水文监测站点 64 处，改建水文数据中心 3 处。武汉市新建城市渍水监测站 12 处、水位监测站 3 处。

武汉市防汛办公室建设了水务云，如图 3.4－1 所示，主要包含一个中心、两张网络、三个门户、四个平台、N 个体统和多个成果。武汉市有 166 个湖泊，166 个全面覆盖自动化监测。武汉市防汛办集成多家城市监测数据，降水由水务部门和气象部门监测，地面积水有防汛办公室自建的河湖水系站网实时监测数据及城管和公安的监测视频数据，还有住建部门的排水数据等。集成各单位及相关部门的数据形成武汉市水务管理综合平台。

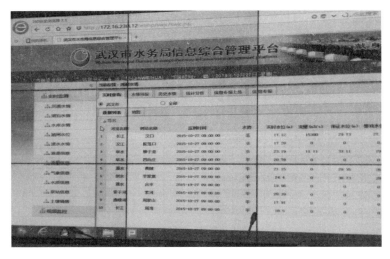

图 3.4－1　武汉市水务信息综合管理平台

3.4.2.2　降水观测设备

降水量采用翻斗式雨量计进行观测，如图 3.4－2 所示。

3.4.2.3　水位观测设备

武汉市水文局布设的 3 处监测站点分别采用激光水位计、压力式水位计（投入式）和电子水尺监测水位，并实时视频拍照，在涵洞、下立交、道路积水点等处设有人工喷绘水尺和预警标识，不同颜色分别代表汽车通行、行人和非机动车通行等。武汉防汛办在道路、立交桥监测站点使用激光式水位计，涵洞和地涵采用压力式（投入式）水位计，在河道使用气泡式水位计，如图 3.4－3～图 3.4－8 所示。

图3.4-2 翻斗式雨量计（二道口渍水监测站点）

图3.4-3 激光水位计（二道口
渍水监测站点）

图3.4-4 激光水位计（道路
积水监测站点）

图3.4-5 通行警示牌

图3.4-6 电子显示屏
（二道口渍水监测站点）

图 3.4-7 立交桥人工喷绘水尺　　图 3.4-8 道路积水点人工喷绘水尺

3.4.2.4　流量观测设备

流量观测采用的是 KROHNE 的电磁流量计，如图 3.4-9 所示。

图 3.4-9　电磁流量计（KROHNE）

3.4.2.5　排水泵站

武汉市雨水泵站水位监测采用雷达水位计和人工喷绘水尺读数。流量监测采用泵站铭牌换算。图 3.4-10 为武汉市排水泵站管理处远程实时监测系统。

图 3.4 - 10　武汉市排水泵站管理处远程实时监测系统

3.4.3　武汉市洪涝信息监测存在的问题

（1）电子水尺投入使用时间较长（2013 年），现在几乎不采用该点数据。

（2）用于河道监测的气泡水位计不适于淤积严重的地方，得经常维护，运维费用高。

（3）流量计的精度不够，明渠、管道均未安装流量计。

3.5　沈阳

3.5.1　概述

沈阳市地处辽河平原，长白山余脉，东部低山丘陵，中西部为平原，地势自北向南倾斜，平坦开阔。最高海拔为 447.4m，最低为 5.3m。全市境内共有河流 26 条，河流总长 1461.1km。共修筑堤防总长 1556.5km，保护土地 37.5 万 km²，保护人口 528.2 万人。境内有大型河流 5 条，分别为辽河、浑河、柳河、饶阳河、西辽河。中型河流 4 条，分别为蒲河、北沙河、养息牧河、秀水河，其余为小型河流 17 条，由各区、县（市）管理。

沈阳市属于中温带亚湿润气候区，年平均气温 8.1℃，大气降水分辽、浑两个区域，平均降水量为 680.8mm，其中 7—8 月降水量占全年降水量的 47％左右，夏季受东南季风影响，暴雨多发生在 7—8 月。沈阳市发生的洪水主要由暴雨产生，洪水期主要集中在 7—8 月，境内大型河流浑河发生流域性洪水的重现期为 10 年左右，洪水历时较长，一次性灾害损失较大。小型河流发生洪水的重现期 2 年左右，且由于洪水历时短、来势凶，难以预防，一次性造成的灾害损失较小，特别是城乡结合部的小型河流更易发生漫堤现象。

3.5.2 沈阳市洪涝信息监测技术现状

3.5.2.1 站网概述

沈阳市道路积水监测点有 22 个，下立交积水监测点 25 个，全部采用的是超声波水位计，监测积水点的积水深度。沈阳市老城区 22 个积水点区域分布如图 3.5－1 所示，25 座下立交监测站点分布如图 3.5－2 所示。

图 3.5－1　沈阳市老城区 22 个积水点区域分布图

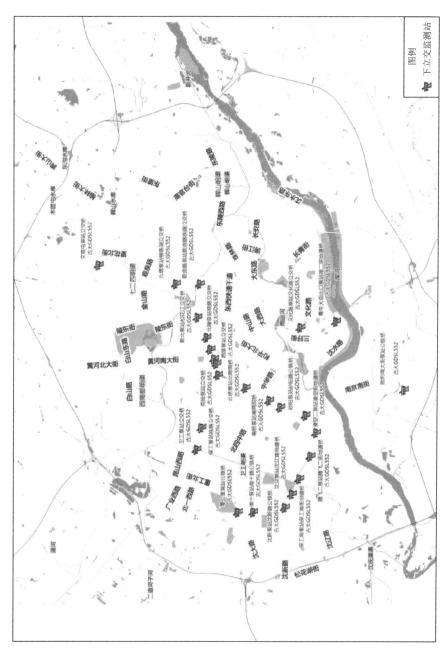

图 3.5 - 2　沈阳市 25 座下立交监测站点分布图

3.5.2.2 降水观测设备

沈阳市水文局降水观测设备用的是虹吸式雨量计和翻斗式雨量计，如图 3.5-3 和图 3.5-4 所示，还配有湖北一方 YAC9900 多路径遥测终端，实现降水、水位数据的采集和存储，并可通过卫星、PSTN、GSM、GPRS 及超短波等通信通道，将采集到的数据以定时或随机报的方式自动发送至控制中心，在设定的条件下自动进行主备通道切换，同时通过终端可以完成控制中心站对测站的远地编程和数据传输。该设备在完成水文测站数据收集的同时还可以完成水情自动测报功能，组网方式灵活、安装方便，可满足不同应用环境的需求。沈阳市防汛抗旱指挥部办公室使用的降水观测设备是翻斗式雨量计和 S 波段测雨量雷达。

图 3.5-3 虹吸式雨量计和翻斗式　　　　图 3.5-4 翻斗式雨量计
雨量计（东陵水文测站）　　　　　　（裕国水文测站）

3.5.2.3 水位观测设备

沈阳市道路积水和下凹式立交监测点采用的是超声波水位计监测积水点的积水深度。沈阳市水文局在天然河道上使用气泡式水位计和雷达水位传感器获取遥测信息，戴维气泡水位计（图 3.5-5）即可作为水情测报系统的遥测站，又可作为水文站的水位无线短传仪器。

3.5.2.4 流量监测设备

关于排水流量的监测，目前基本没有监测设备，除了部分泵站有流量监测外，暗渠、下水道（方渠、箱涵、明渠、管道）处都没有流量监测设备。因为下水道内有承压流，也有无压流，而且水质较差，对监测设备的

东岭站气泡水位计（戴维YCH-1D型）、水尺及气泡水位计导气管出气口安装位置

图 3.5 - 5　东岭站水位监测装备

适应性提出了较高的要求。

3.5.2.5　排水泵站和排水闸门

沈阳市排水管理处管理排水泵站共有 49 座，其中地道桥雨水泵站 21 座，宁山路、精勤、下坎子、方形广场等 8 座雨水泵站现有污水混入情况，崇山西、崇山东、五爱、三好、羊吉、凌空等合流制、分流制合建泵站 20 座。上述 49 座泵站，建于 20 世纪 50 年代的有 1 座，占 2%；60 年代有 2 座，占 4%；70 年代有 2 座，占 4%；80 年代有 9 座，占 18.5%；90 年代有 12 座，占 24.5%；2000 年以后有 23 座，占 47%。市排水管理处管理排水闸门共有 9 座，即辉山水库闸门、辉山明渠闸门、八里堡闸门、北陵公园闸门、五爱闸门、榆树屯闸门、工农闸门、新开河斜桥闸门、卫工闸门。

3.5.3　沈阳市洪涝信息监测存在的问题

（1）下凹式立交和低洼地积水监测信息未能在相应路段通过 LED 显示给公众。

（2）明渠、管道内均未安装流量计，相关节点也没安装水位计监测水位信息。

（3）在一些重要节点上未安装雨雪量计，排水井盖上未安装报警仪。

（4）GPRS 通信模块版本太旧，行业没有更新版本，用的 SIM 卡是大卡，现在多用小卡，但小卡用卡套安装容易烧毁。

3.6　大连

3.6.1　概述

大连地区基本地貌轮廓为中央高，向东西两侧呈阶梯状降低，直至海滨，构成山地、丘陵半岛的地貌形态。大连市主要河流有碧流河、英那河、庄河、复州河、大沙河、登沙河、清河等；城市中心区主要河流有马栏河、自由河、周水子河、泉水河、凌水河等。

大连地区地处暖温带亚湿润气候区，气候温和，四季分明，暖湿同季，日照丰富，季风盛行。大连三面环海，海洋对大连气候影响很大。年、月平均温差大都在 10℃ 以下，夏无酷暑、冬无严寒，故亦可称为海洋性过渡气候。大连地区年平均降水日数为 70～90d，年平均降水量为590～800mm，东部多于西部，北部多于南部，以庄河市北部山区最多（800mm 左右），旅顺、金州区最少（不足 600mm）。降水量年际变化大，多雨年可达 900～1200mm，少雨年仅 290～490mm。降水量春季占12%～14%，秋季占 17%～19%，冬季占 3%～5%，夏季占 60%～70%。月降水变率大。经常出现春旱、伏旱和秋旱，汛期常用洪涝发生。降水强度比较平稳，平均年暴雨日数不足 3d，大暴雨不足 1d。夜雨多于昼雨也是大连的降水特点之一，尤以夏季为甚。

大连市城区由于受热带气旋影响，会产生洪涝灾害。当其来到大连市，会带来狂风暴雨，巨浪及引发的风暴潮，城区不仅受到大雨造成的洪水威胁，也受到风暴潮洪水的威胁。由于历史原因，大连市城市中心区的排水体制为雨污合流制，一方面，现有的排水管道腐蚀老化严重而且管径小容量不够；另一方面，汛期还要承担排洪任务，排水管道负荷严重不足，遇大到暴雨，势必造成排洪不及，产生洪涝灾害。

3.6.2　大连市洪涝信息监测技术现状

3.6.2.1　站网概述

大连市城市内涝道路积水监测采用移动式人工监测，一旦发生道路积水，采用应急排水车清除道路积水，如图 3.6－1 所示。目前积水位和流量都没有自动化监测设备。

图 3.6-1　应急排水车

3.6.2.2　降水观测设备

大连市水文局采用虹吸式雨量计和翻斗式雨量计监测降水。

3.6.2.3　水位观测设备

河道水位观测设备采用浮子式水位计。

3.6.2.4　流量观测设备

河道上采用人工流量观测设备。

3.6.2.5　积水泵站

大连市排水管理处在泵站前池上安装超声波液位计来测量水位，如图 3.6-2 所示，采用电磁流量计监测泵站的排水量，如图 3.6-3 所示。

图 3.6-2　超声波液位计（E＋H）　　图 3.6-3　电磁流量计（E＋H）

3.6.3　大连市洪涝信息监测存在的问题

目前大连市洪涝监测信息缺乏，在下凹式立交及道路积水点没有专门的洪涝信息监测设备实现实时监测，只能靠应急抢险车队完成市区积水点排涝问题，不能及时将市区洪涝信息传达给管理部门，以至于不能及时排除市区洪涝，洪涝滞后性尤为明显。

3.7 济南

3.7.1 概述

济南市地势南高北低，依次为低山丘陵、山前倾斜平原和黄河冲积平原。市区河道规划区南靠群山，北阻黄河，从南到北由中低山过渡到低山丘陵，北部区及东西区处于泰山山脉与华北平原交接的山前倾平原，形成了东西长、南北窄的狭长地带。南部山区海拔为 $100\sim800m$，冲沟发育切割深为 $6\sim8m$，一般坡度大于 $40°$，山前倾斜平原海拔为 $30\sim100m$。北部为黄河、小清河冲积平原，有数处火成岩侵入成山丘，高约 $50\sim200m$，小清河以南标高一般为 $23\sim30m$，向北倾斜。小清河以北由于火成岩侵入影响及黄河冲积淤高，地面微向南倾斜，因而形成北园一带的低洼沼泽地带。黄台以东又趋于平坦，海拔为 $26\sim29m$，以 $3‰$ 的坡度向北倾斜。

济南市位于山东地块泰山隆起北侧，北有齐河至广饶东西的隐伏大断裂，规划区自西向东有马鞍山、千佛山、东梧（刘智远）和文祖等 4 条北西方向的大断层，北北东向有大田庄至唐冶等 5 条断裂、3 组断裂切成块状奠定了济南构造基础。露出岩层主要为下奥陶纪白云质灰岩，厚 $80\sim400m$，北部有白垩纪岩浆岩侵入，方向大致北北—南东，延伸约 $15km$，第四纪不整合覆盖于基岩上，分布较厚，深 $15\sim100m$ 不等，随地质构造而异，岩性一般均为矿质黏土及黏土，夹有卵石或胶结砾石，间有薄层淤泥和螺壳。

济南市境内的山区由前震旦变质岩系组成基地，盖层由南而北依次展布有下寒武系、中寒武系、上寒武系灰岩、页岩、下奥陶系白云质灰岩和中奥陶系厚层灰岩，一般呈单斜产状，在市中区和东西区中奥陶系灰岩倾伏于地下，北部地下有大片闪长岩侵入体分布。因受岩性及岩溶地貌等因素的控制和影响，无论是地下水的补给、径流、排泄、埋藏分布各方面都表现出单斜自流构造的水文地质特征，构成一个完整的济南单斜水文地质单元。

由于城市受南高北低地形特点的影响，南部山区经历年洪水冲刷，形成了多条自然冲沟，除玉符河、北大沙河、南大沙河流域内洪水经规划西部片区流入黄河外，其余山洪河道均穿过规划东部产业带流入小清河。规划区北部有黄河、小清河两条水系，其中黄河流域经济南段全长 $183.35km$，小清河流经济南段全长 $76km$。

济南市属暖温带大陆性季风气候区，四季分明；春季干燥少雨，多西南风；夏季炎热多雨；秋季天高气爽；冬季严寒干燥，多东北风。年平均气温为 14.5～15.5℃，全年无霜期为 230d 左右，年平均降水量为 650～700mm。

市区内发生主要洪涝灾害为市区积水，引起的主要原因是：济南市地处泰山北麓与华北平原交界的斜坡上，南部为山区，坡度较大，北部有地上悬河黄河阻隔，中间为小清河洼地。地势南高北低，高差极大。遇有大暴雨后，短时间内南部山区及主城区汇流形成的大量洪水形成道路行洪，引起市区积水。

3.7.2　济南市洪涝信息监测技术现状

3.7.2.1　站网概述

济南市城区水文局开展城市水文工作的区域为城市建成区及汇入市区河流的流域范围，河流有：兴济河、西工商河、东工商河、西洛河、东洛河、柳行河、广场西沟、广场东沟、羊头峪西沟、羊头峪东沟、全福河等，基本以济南市绕城高速以内的区域开展水文监测工作。济南城区水文局已建河道水文站 29 处、下凹式立交桥水文站 15 处、低洼积水路段水文站 14 处，道路水位站 5 处、LED 水文诱导屏 6 处、泉水流量监测站 9 处、雨量站 63 处，所有监测信息实时发布给水文局信息中心及管理调度部门。济南市城区水文局还全面整合水利、气象、水文、市政、高校等雨量站点，为城市防汛减灾决策、名泉保护、水资源管理提供实时准确的水文信息服务。图 3.7-1 为济南城区水文雨量站分布图，图 3.7-2 为济南城区水文水位站分布图，图 3.7-3 为济南市政会商大厅。

图 3.7-1　济南城区水文雨量站分布图

图 3.7－2　济南城区水文水位站分布图

图 3.7－3　济南市政会商大厅

3.7.2.2　降水观测设备

济南市城区水文局采用翻斗式雨量计、称重式雨量计（雪）监测降水，济南市气象局采用翻斗式雨量计、称重式雨量计（雪）、S 波段雷达及雨滴谱仪监测降水，如图 3.7－4 所示。

3.7.2.3　水位监测设备

（1）济南市 29 处河道监测站和 9 处泉水监测站采用浮子式水位计监测水位，如图 3.7－5 所示。城区河道水文站和泉水监测站的一大亮点是景观造型。

（2）15 处下凹式立交桥积水监测站：采用雷达水位计测水位，人工喷绘水尺读数，交警摄像头读数，LED 显示屏显示监测信息，如图 3.7－6 所示。

（a）济西水文基地水文观测场

（b）翻斗式雨量计（济西站）

（c）称重式雨量计（济西站）

（d）S波段雷达（济南省气象局）

图 3.7-4　降水观测场及设备

（a）浮子式水位计（广场东沟水文站）

（b）浮子式水位计（泉城广场）

图 3.7-5（一）　浮子式水位计

（c）浮子式水位计（西工商河水文站）　　　（d）浮子式水位计（段店桥水文站）

图 3.7－5（二）　浮子式水位计

（a）雷达水位计　　　　　　　　　　（b）电子水尺

（c）历山路铁路立交桥南北显示屏

图 3.7－6　下凹式立交桥积水监测设备

（3）道路积水点和低洼区：在5处主要路段监测站点（分布如图3.7-7所示）安装雷达水位计及人工读取水位尺刻度，其他路段采用各种景观造型的喷绘水尺，如图3.7-8所示；14处低洼地积水监测站安装雷达水位计测水深，同时，配以人工喷绘水尺，如图3.7-9和图3.7-10所示。

图例
▲ 雷达液位计

图3.7-7　济南市主要路段安装雷达液位计分布图

（a）道路站景观设计

（b）水宝形象水尺

（c）道路站监测仪器

（d）道路积水水尺

图3.7-8　各种景观造型水尺

图 3.7-9 雷达水位计　　　　　图 3.7-10 景观喷绘水尺

（4）在排水系统内前端节点安装压力液位计来监测管道内的排水情况。

3.7.2.4 流量监测设备

河道上采用固定式 ADCP 流量计、超声波流速仪和旋桨流速仪监测流量，道路上采用电波流速仪测流速换算成流量，济南市排水处在排水系统末端安装管道流量计、电磁波流量计和雷达流量等监测排水系统的运行功能，如图 3.7-11 所示。

3.7.2.5 积水泵站

济南市现有 17 座雨水泵站，水位监测采用雷达水位计和人工喷绘水尺读数。流量监测采用泵站铭牌换算。图 3.7-12 为陈家楼泵站雷达水位计。

3.7.3 济南市洪涝信息监测存在的问题

（1）目前，城市洪涝监测所用到的仪器质量都过关，但数据传输过程时常会出现问题，如何解决 RTU 的传输成为城市洪涝监测的一大关键问题。

（2）城市河道、泉水、下立交、主要道路及易积水点均成功实现了信息的实时监测，但地下水的监测方面还不够成熟，有的地方仅用浮子式水位计监测水位。

（3）测量流速时，经过比对发现，雾大时超声波流速仪精度不可靠。

（4）排水系统内安装压力水位计，其零点漂移比较严重，时间长了精确度降低，再加上垃圾、杂质也会对其产生影响，故测量准确度低。需要经常维护，运维费用高。

（a）ADCP

（b）小型 ADCP

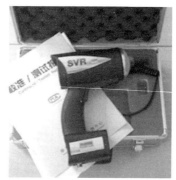

（c）电波流速仪

（d）超声波流速仪

（e）旋桨流速仪

图 3.7 - 11　流量监测设备

图 3.7-12 雷达水位计（陈家楼泵站）

3.8 苏州

3.8.1 概述

苏州市位于长江三角洲中部，东邻上海，南连浙江省嘉兴、湖州两市，西傍太湖，与无锡相接，北枕长江，沪宁铁路、京沪高铁东西横越，京杭大运河南北纵贯。市辖姑苏区（苏州国家历史文化名城保护区）、高新区（虎丘区）、吴中区、相城区、吴江区、工业园区及 4 个县级市、按照《苏州市城市总体规划（2007—2020 年）》，根据范围大小可分为市域、中心城区和城市规划区三个层次。考虑城市发展现状、行政区划及雨水汇水区完整性等因素，将现状防洪大包围和金阊新城包围圈作为本次规划范围，总面积为 89.26km² ，其区位图如图 3.8-1 所示。

苏州市地处以太湖为中心的浅碟形平原的底部，地形以平原为主，全市地势低平，总体呈西南高而东北低展布。西南部为低山丘陵区，穹窿山

图 3.8-1　苏州市城市中心区区位图

主峰"箬帽峰",海拔为 341.7m,为全市最高点;东北部为圩区、平原区,地面高程一般为 3.5～5m,局部低洼地区高程不足 3m。全市丘陵面积为 221km²,占总面积的 2.6%;水域面积为 3607km²,占总面积的 42.5%;平原面积为 4660km²,占总面积的 54.9%。苏州属亚热带湿润型季风海洋性气候,四季分明,气候温和,雨量充沛,年平均气温为 15.7℃,历史最高气温为 41.0℃(2013 年 8 月 7 日),历史最低气温为 −9.8℃(1958 年 1 月 16 日)。常年主导风向为东南风(夏季居多),其次为西北风(冬季)。年平均风速为 3.4m/s,年最大平均风速为 4.7m/s(1970 年、1971 年、1972 年),年最小平均风速为 2.0m/s(1952 年)。无霜期约为 240d,年平均日照时数为 1937h。苏州多年平均年降水量为 1100mm 左右,降水日数平均每年达 130d。受季风强弱变化影响,降水的年际变化明显,年内雨量分配不均。最大年降水量为 1749mm(1999 年),最小年降水量为 547.5mm(1934 年)。每年雨水多集中于春夏两季,包括夏初的梅雨和夏秋的台风雨。每年 4—9 月降水量占全年的 70% 以上,各月平均降水量为 100～160mm,日最大降水量达 343.1mm(1962 年 9 月 6 日),其中,6 月中旬至 7 月上旬受梅雨影响,是一年中降水最多的时段。10 月到次年 3 月,因受干冷的冬季风(偏北风)影响,降水较少,各月平均降水量为 40～85mm。全市有苏州、枫桥、西山和瓜泾口四个蒸发站,多年平均蒸发量为 1283.8mm。

3.8.2 苏州市洪涝信息监测技术现状

3.8.2.1 站网概述

截至 2015 年年底，苏州市河道管理处在大包围内建有河道枢纽工程 11 座，泵闸工程 16 座，在下立交设有监测站点 24 个，这些枢纽工程及监测站点的实时监测为苏州市区防洪排涝发挥了重要作用，图 3.8－2 为苏州城市中心区防洪枢纽工程沙盘模型图，图中小灯为河道，建筑亮大灯部分为河道枢纽工程。图 3.8－3 为已建成苏州城区水务调度控制中心。

图 3.8－2　苏州城市中心区防洪枢纽工程沙盘模型图

图 3.8－3　苏州城区水务调度控制中心

3.8.2.2　降水观测设备

　　苏州市水文局采用 SJ1 型虹吸式雨量计和 JDZ05－1 型翻斗式雨量计雨量传感器监测降雨，如图 3.8－4 和图 3.8－5 所示。

图 3.8－4　SJ1 型虹吸式雨量计　　图 3.8－5　JDZ05－1 型翻斗式雨量计
雨量传感器

3.8.2.3　水位观测设备

　　河道水位监测采用浮子式水位计，并使用自记水位计进行人工比对，如图 3.8－6 和图 3.8－7 所示；有些河道还采用视频监控，有些河道节制闸和船闸采用压力式水位计和超声波水位计监测，如图 3.8－8~图 3.8－10 所示；立交桥采用电子水尺和喷绘水尺，交警摄像头读数，如图 3.8－11~图 3.8－13 所示。

图 3.8－6　WFH－2 型浮子式　　图 3.8－7　HCJ1 型自记水位计
水位计（河道水文站）

图 3.8-8 视频监控

图 3.8-9 超声波水位计　　图 3.8-10 澹台湖枢纽（京杭大运河）

图 3.8-11 电子水尺＋喷绘水尺　　图 3.8-12 电子水尺

图 3.8 - 13　立交桥水尺视频监测

3.8.2.4　流量观测设备

苏州市水文局在河道上采用 H - ADCP（美国）流速仪，走航式 AD-CP 流速仪正在校准阶段，如图 3.8 - 14 和图 3.8 - 15 所示；苏州市河道管理处采用超声波时差法流量计（德国），如图 3.8 - 16 所示。

图 3.8 - 14　ADCP　　　　图 3.8 - 15　ADCP 高速三体船测流速

3.8.2.5　积水泵站

苏州市积水泵站，水位监测采用雷达水位计，流量监测采用泵站铭牌换算。图 3.8 - 17 为苏虞立交泵站超声波水位计。

3.8.3　苏州市洪涝信息监测存在的问题

目前，尽管苏州市城区洪涝信息监测井然有序，但是还存在一定的问题，具体表现如下：

（1）目前流量监测设备自动化程度不够高。

图 3.8-16 超声波时差法流量计（德国）（娄门桥枢纽）

图 3.8-17 超声波水位计（苏虞立交泵站）

（2）测量仪器 ADCP 在人工河道中（京杭大运河）测速误差较大，需要和传统流速仪进行比对。

（3）压力式水位计使用过程中水质等因素会影响其精度，比如水草、淤泥等。

3.9 小结

通过对我国典型城市洪涝信息监测技术现状的调查，发现我国在城市洪涝信息监测技术方面取得了一定的成绩，主要表现在：

（1）城市洪涝降水信息监测所用到的观测设备主要是翻斗式雨量计、虹吸式雨量计和称重式雨量计，利用卫星雷达测降水的城市比较少。而且，经有关测试机构及文献查阅，市场上常用的 0.1mm 和 0.2mm 高分辨率翻斗式雨量计在计量误差和稳定性上难以达到国际要求。而在天然降雨过程中，小雨强降水出现频率较高，迫切需要高分辨率、稳定性好的雨量计以实现小雨强下雨量精准监测。

（2）城市洪涝水位信息监测用到的观测设备主要有：河道水位测量用浮子式水位计、气泡式水位计、超声波水位计、压力式水位计、雷达水位计和人工喷绘水尺；下立交和易积水道路用电子水尺、压力式水位计、超声波水位计、激光水位计、雷达水位计、人工喷绘水尺和预警标识；排水泵站洪涝水位测量设备有雷达水位计、超声波水位计、浮子式水位计和人工喷绘水尺读数。

（3）城市洪涝流量信息监测方面比较匮乏，河道上主要采用雷达流速仪、转子式流速仪及各种 ADCP 流量计测流，还有的在河道上采用水位流量关系推算流量或根据闸门开度曲线查得流量；城市排水管网用电磁流量计、超声波流量计和 V-ADCP 测流；排水泵站用电磁流量计、超声波流量计测流。

尽管我国在城市洪涝信息监测方面取得了一定的成绩，但仍存在一定的问题，概括起来主要有以下几个方面：

（1）降雨监测方面，主要表现在：①城市降雨监测站点密度不够，所获得的降雨信息代表性不足，不能满足城市洪涝监测预警的需要；②由于城市化的快速发展，符合降水量观测规范的监测点比较少，城市监测站点布设位置难以选择；③由于城区建筑格局对自然风的影响和破坏，造成雨量计观测精度降低。

（2）水位监测方面，具体表现在：①水位监测站点不全；②水位监测仪器可靠性不高及水位测量精度无法满足流量推算要求；③水位监测数据智能化程度不够；④水位监测设备的维护工作需要进一步加强。

（3）流量监测方面，排水泵站有一些比较成熟的监测技术，如电磁流量计、超声波流量计，精度能达到监测的要求，但城市排水管网的流量监测技术存在精度不够的问题。

（4）城市水力学、城市水文学的发展跟不上城市洪涝预警的需求。由于城市水力学、城市水文学是近年发展起来的新型学科，很多研究领域及研究内容还处于初始阶段，无法满足当前城市洪涝灾害预警的需求。

（5）城市洪涝预警和发布技术还满足不了城市洪涝预警的需要。由于当前存在城市洪涝监测措施不完善、监测项目不全、监测信息利用率不高、多头管理信息共享不畅、信息发布手段单一等问题，预测预警技术还有待提高，还需加强避免城市洪涝灾害造成较大的损失。

第 4 章　城镇化发展对我国典型城市洪涝信息监测的影响

4.1　中华人民共和国成立后我国城镇化发展历程

中华人民共和国成立后，我国的社会经济面貌发生了翻天覆地的变化，城市的规模、结构和其在国民经济中的地位、作用也有了长足发展。大体可分为改革开放前计划经济体制下城市发展阶段和改革开放后城市快速发展阶段。

4.1.1　计划经济体制下的城市发展

此阶段可分为 3 个时期，即 1949—1957 年的健康发展时期、1958—1965 年的起伏发展时期和 1966—1977 年的停滞发展时期。

1. 健康发展时期（1949—1957 年）

这一时期是中国社会经济制度发生根本变革的时期，城市经济发展以消费性城市变为生产性城市为特征。中华人民共和国成立后，政府提出了把工作的重心从农村转移到城市，并对千疮百孔的经济采取了一系列强有力的措施进行治理，使国民经济迅速得到了恢复。从 1953 年开始，实行国民经济发展第一个"五年计划"。这一时期，设置城市的发展主要表现在两个方面：①撤销一批小城市，有重点地完善和发展了如武汉、成都、太原、西安、洛阳、兰州、哈尔滨、长春等大城市及鞍山、本溪、齐齐哈尔等中等城市；②随着 156 项重点工程建设，新建了一批工矿城市，如纺织机械工业城市榆次，煤炭新城鸡西、双鸭山、焦作、平顶山、鹤壁等，据资料统计，自 1949—1957 年的 9 年中，城市数量由 1949 年年底的 133 个上升到 176 个，增长 32.3%，平均每年增加 5 个新城市。中国城市市区人口占总人口的比重由 7.3% 上升到 10.95%。

2. 起伏发展时期（1958—1965 年）

第二个"五年计划"初期，违背经济发展规律，盲目推行了"大跃进"运动。1958—1961 年间，城市的建制也和国民经济一样急剧膨胀，在 3 年"大跃进"后，我国城市数量由 1957 年的 176 个增加到 1961 年的 208 个，增长 18.2%。城市人口也从 7077 万人增加到 10132 万人。由于大量的乡村人口进入城市，工农业比例失调，国民经济出现巨大波动，导致城市的就业、供应出现严重问题，国家不得不压缩城市人口，减少市镇建制。1961 年以后，全国陆续撤销了 52 个城市，动员了近 3000 万城镇人口返回农村，同时将一部分地级市降为县级市，如石家庄、保定、唐山、张家口、邯郸、承德、安阳、鹤壁、焦作、三明、宝鸡、咸阳、玉门等。到 1965 年年底，全国城市总数为 168 个，与 1957 年相比减少 8 个。

3. 停滞发展时期（1966—1977 年）

这一时期是中国社会经济处于"文化大革命"时期。一方面，盲目地下放城镇居民、干部和知识青年；另一方面，大搞"三线建设"，把大量资金、设备、技术力量"靠山、分散、进洞"，正常的经济秩序被打乱，造成城市发展缓慢，城市体系处于长期停滞不前的状态中。到 1977 年全国城市总数为 190 个，比 1965 年增加 22 个，年平均增加 2 个。

4.1.2　改革开放后城市的快速发展

1978 年以来，改革开放使中国的政治、经济形势发生了深刻的变化。随着一系列改革开放措施的落实，农村经济有了较快的发展，城市经济中心作用加强，市领导县的新型城乡经济体制形成，城市建设和规划也逐步走上了健康发展的科学轨道，中国城市设置进入快速发展的时期。

1. 改革开放的起步阶段（1978—1983 年）

这一时期，改革以农村为重点，并逐步在城市进行试点。1981—1984 年国务院先后批准了常州、重庆、武汉、沈阳、大连、南京等城市进行城市经济体制综合改革试点。1982 年中共中央提出改革地区体制，经济发达地区地市合并，实行市管县、县管企。通过一系列改革措施，城市经济辐射面增强，城市的中心作用得到进一步发挥，多年来的城乡分割被打破，城市经济向农村辐射延伸。农村经济向城市渗透，城乡交融，逐步形成网络型经济，促进了城乡经济的繁荣。经济的复苏与发展，激发了我国长期积累的城市化潜在的活力。主要是在农村经济迅速发展的带动下，乡村工业逐步兴起，小城镇和农村集镇得到较迅速的发展，自上而下的城市化开始显示出生机和活力。到 1983 年年底，全国城市个数达 289 个，比 1977 年增加 99 个，增长 52.1%，平均每年增加 16.5 个。

2. 改革开放的展开阶段（1984—1991 年）

这一时期的改革是以建设社会主义有计划的商品经济为目标，同时城市经济体制改革成为整个经济体制改革的主体。1984 年全国城市经济体制改革试点市已达到 72 个。在改革不断深入的同时，还加大了对外开放的力度，继 1979 年设立深圳、珠海、汕头、厦门 4 个经济特区后，不断扩大对外开放城市的范围：1984 年 3 月 26 日国务院决定进一步开放由北向南的大连、秦皇岛、天津、烟台、青岛、连云港、南通、上海、宁波、温州、福州、广州、湛江、北海等 14 个沿海港口城市，以及决定在长江口、珠江口两个三角洲和闽南三角地区开辟经济开发区。这些政策的连续出台，实质上为上述东部沿海地区逐步形成城市群创造了有利条件，作为我国对外开放的一个新的重要步骤，极大地促进了东部沿海地区经济的高速发展以及乡镇企业的兴起。

1986 年国家"七五"计划提出了"切实防止大城市人口规模的过度膨胀，有重点地发展一批中等城市和小城市"的城市发展方针。同年，国务院批准试行新的市镇标准。新的设市标准扩大了非农业人口的范围并降低了条件，设市模式从以镇设市改为撤县设市，适应了农村城市化发展的需要，大大推动了中国市建制的发展。到 1991 年年底，全国城市总数已达到 479 个，比 1983 年增加 190 个，增长 65.7％，平均每年增加 23.7 个城市。

3. 改革开放的深入阶段（1992—2006 年）

党的"十四大"明确了建立社会主义市场经济体制的总目标，确立了社会主义市场经济体制的基本框架。城市作为区域经济社会发展的中心，其地位和作用得到前所未有的认识和重视。2002 年 11 月党的十六大制定了到 21 世纪中叶我国基本实现现代化，把我国建成富强、民主、文明的社会主义国家的宏伟目标，明确提出"要逐步提高城市化水平，坚持大中小城市和小城镇协调发展，走中国特色的城市化道路"。从此，揭开了我国城镇建设发展的新篇章，城市化与城市发展空前活跃。到 2006 年年底，全国城市总数达到 656 个，比 1991 年增加 177 个，增长 37.0％，平均每年增加近 12 个。

4.1.3　中华人民共和国成立以来城市发展的主要特征

（1）城乡关系由相互分离转向趋于一体化发展。城市是相对于乡村的空间概念，是乡村的对立物。在相当长的历史时期内，城乡之间的政治、经济、社会关系趋于分割和对立。随着生产力的发展，农业技术现代化、农业服务社会化、农业劳动知识化程度不断提高，城乡差别、工农差别、脑力劳动与体力劳动的差别大为缩小，尤其是农村小城镇的迅速发展和日益现代化，形成一批新兴的城镇，有力地推动了农村生活质量和社会环境日益趋向城市化。随着现代生产力的集中，大量农民有条件由农村向城市转移，从而使城市化水平不断提高。随着大城市承载能力的日趋饱和，产业和劳动力又不断从大城市向农村尤其是小城镇转移扩散，这两种趋势的汇合，使城市和乡村向一体化迈进。

（2）城市的区域分布在不平衡中趋于平衡。2006年，在全国656个城市中，东部地区（包括北京、天津、河北、辽宁、上海、江苏、浙江、福建、山东、广东、广西、海南）284个，占43.3%；中部地区（包括山西、内蒙古、吉林、黑龙江、安徽、江西、河南、湖北、湖南）246个，占37.5%；西部地区（包括重庆、四川、贵州、云南、西藏、陕西、甘肃、青海、宁夏、新疆）126个，占19.2%。中、西部地区城市数占全国城市总数的56.7%。从发展动态来看，改革开放以来，中、西部地区城市化的进程显著加快，与东部区域的差距有所缩小。但是从总体上看，中、西部地区城市不仅数量少、规模小、水平低，而且城市间关联性和均衡性较差，表明中、西部地区还要经历一个逐步成熟的发展阶段才能迈入现代城市化进程。

（3）城市结构由等级型向复合型转变。由于城市起源于政治中心，而政治中心的地位又有利于促进城市的建设和发展，从而使市的规模同其行政等级相联系，形成了中央、省、市、县、乡级别由上而下、规模也由大而小的等级型的城市结构。尤其是在行政力量对经济的干预强度较大的历史时期，这种等级型城市结构的特点就更为明显，政治中心城市不仅是行政区内交通通信中心，而且是经济和科技教育中心。随着现代生产力的发展和市场化程度的不断提高，非政治中心城市不断涌现，有的是依托当地自然资源而形成工矿城市，例如大庆市、东营市和克拉玛依市等，是在大庆、胜利、克拉玛依油田开发过程中成长起来的；有的是在改革开放的政策环境中兴起的城市，例如深圳市；有的是在建设新兴工业项目中发展起来的市，如三门峡市、丹江口市分别是在三门峡和丹江口水利枢纽建设过程中成长起来的，十堰市是在第二汽车制造厂建设过程中发展起来的，绵阳市是靠电子工业发展起来的；有的是以旅游业兴市，例如黄山市、张家界市、丽江市等。这些城市的规模和等级同其政治地位没有直接的关系，相互之间只有功能互通、互补的关系，没有行政隶属关系。当然也有一些城市因其规模上升引起政治地位上升。从发展趋势看，非等级型城市将随着市场化、国际化、知识化进程的加快而不断增多。虽然等级型城市在较长时间内仍将是主体类型，但其政治功能将逐步淡化，从而形成复合型城市结构。

（4）城市布局由单一中心向多元中心转变。传统的城市一个城市只有一个中心区，以中心区为核心，向周围展开和扩散，皇朝时代的北京市就是以中轴线展开布局的典型代表。对于 50 万人口以下的城市而言，这种布局还是可以接受的，但对于 100 万人口以上的城市而言。就会由于人流、物流、车流的过于密集而制约城市功能的拓展，并且会降低中心区的环境质量，所以现代城市在布局上一般向多元中心格局转变。①在城区范围内，以若干居住中心为依托，形成若干规模和功能差异不大的次中心商业区，或者按照功能分类的若干小区，例如工业开发区、金融区、文教区等。②在城市周围形成若干卫星城镇，使之同主体城市相互贯通、相互依存。200 万人口以上的城市，还可以同跨行政区的中小型城市形成相呼应的城市群体。城市布局由单一中心向多元中心的转变是城市现代化的必然趋势，也是城市布局的重要指导思想。我国在经历了 20 多年的改革开放之后，城市体系发展已逐渐走向成熟。一些区域具有区位、资源和产业优势，已经达到了较高的城市化水平，在东部沿海地区密集的城市，聚集的城市人口和经济总量就已经成为我国事实上的经济发展的核心。2006 年的统计表明，我国东部长江三角洲、珠江三角洲和京津冀三个大都市密集区占全国 3.75% 的土地，国内生产总值占全国的 37.4%。

（5）城市功能由政治型转变为产业型是城市功能的历史性转变，是现代化城市的起点和重要标志。我国城市目前仍处在不断强化城市产业功能的历史性功能之中，强化城市产业功能仍然是大多数城市应该继续为之努力奋斗的目标。但是，从长期发展来看，城市功能将要发生第二次革命，即由产业型向人本型转变，由以物为中心转变为以人为中心。①这是因为在经济现代化达到一定水平、人类生产步入小康阶段之后，在人与物的关系中，人将开始支配物，而不再被物所奴役，人们将更加关注自身的发展。现在最新的发展观已从单纯追求经济增长转向追求人类发展的目标，就是要提高人民生活的质量，扩大人民发展的机会和能力，包括接受教育和训练的机会、获得公共卫生服务的机会、从事就业劳动的机会，也包括享受社会保障的机会；所谓能力，则是通过教育和培训提高就业竞争的能力，提高自身收入水平的能力，提高抵御风险的能力，也包括民主参与的能力。城市则将在这一转变中居于主导地位。②人类正在进入知识经济时代，未来的经济实力和竞争力越来越决定于人的素质，决定于人的知识层次和创新能力。像美国微软公司那样，主要以知识和人才为资本的新兴产业将代替以资源和有形资产为基础的传统产业，城市的竞争能力不再取决于工业化水平，而是取决于知识化和信息化水平。目前以产业中心为主要功能的城市，要逐步向以知识和信息中心为主要功能转变，也就是要着力于人才开发和知识创新。③未来政治和社会关系的演变，将使人的基本权利、人格、人性、人的才能和意愿得到更为充分的尊重，个人的发展更具有直接的社会意义。总之，未来的城市，将由以物为本转变为以人为本，城市布局、城市功能、城市管理都要充分体现市民的意愿，有利于市民的充分发展。

4.2　城市洪涝信息监测影响因素

4.2.1　降水信息监测影响因素

据研究，目前的雨量器或雨量计所测的降水量由于风、蒸发、器壁黏附等因素的影响而偏小，有关比对观测工作取得了丰硕的研究成果（拜存有等，2009）。

1. 风

降水的观测误差主要由于风场变形误差造成。由于雨量计器口上方风场的改变引起的雨滴（雪花）下落轨迹的偏移，以及雨量计摆放或设计上的缺陷，现有气象观测站测量的降水量普遍比实际降水量偏低。风场变形误差在中高纬度地区冬季降雪情况下更为明显（Yang et al.，1998、1999）。

降水测量的风场变形误差很早以前就引起了研究者的关注，但由于各国雨量计型号、安装高度和观测规范的差异，这个问题始终没有得到很好的解决。通过对比观测试验，一些研究者获得了针对不同国家和地区的不同型号雨量计在不同风速下的捕获率，并发展了降水风场变形误差的订正方法（Sevruk，1985；Goodison et al.，1998）。近年来，国内学者也通过对比观测试验，试图了解我国降水观测误差并寻求找到解决我国降水观测误差的方法（杨大庆等，1990；任芝花，2003）。相关研究表明，在雨量器承水口上方，由于风的因素导致的误差，一般对年降雨量为 $2\% \sim 10\%$，对年降雪量为 $10\% \sim 50\%$。中国气象局根据北京几十年积累资料分析发现，观测值较实际降水量年均值低估了 4.0%，降水强度观测值低估了约 4.8%。这些先期研究为深入评价全球陆地和中国地区降水观测误差及其对现有降水气候学和气候变化分析结果的影响奠定了良好的基础。

近年来，随着对近地面风速观测资料分析的深入，发现 20 世纪中期以来中国大陆地区国家基准气候站和基本气象站记录的平均风速和大风频率呈显著下降趋势（任国玉等，2005）；全球陆地平均风速也呈现明显下降趋势（Vautard et al.，2010；赵宗慈等，2011）。根据 Ding 等（2007）和叶柏生等（2008）前期分析，如果地面风速随时间减小，会导致普通雨量计的捕获率提高，进而引起实际观测的降水量出现一定变化。因此，至少在中国大陆以及全球其他陆地区域，大部分气象台站观测的近地面平均风速普遍下降趋势可能已经引起气象台站雨量计捕获率增加，降水测量中的风场变形误差减小，并进而影响对降水量特别是冬季降雪量长期趋势变化的估计（Førland et al.，2000；任国玉等，2010）。

近年相关研究还发现，近地面平均风速的大幅下降在很大程度上与人为因素造成的局地观测环境改变和城市化影响有关（刘学锋等，2009；张爱英等，2009）。因此，风速导致的降水量变化趋势估计偏差，尽管可能与大尺度大气环流演化有一定联系，但更主要的原因还是人为因素引起的一种观测资料系统性偏差。但不论是自然还是人为因素影响，从气候变化研究的角度来看，近地面平均风速下降引起的降水量测量误差变化都是"虚假"现象，需要加以客观评价和订正（任国玉等，2010）。

在高纬大风地区，也有从雪面吹起而落入雨量器内的情况。据有些报告所指出，情况还非常严重，特别是在年平均降水量本来不多的严重大风地区，实测降水量几乎为地面飞入和风减少落入两大项差值所左右。因此，有人建议在高纬大风地区不计降水量而只记待续时间。目前南极许多气象台站就不用雨量器观测而改用其他另外的一些办法。

在极端情况下，降水发生飘益现象，主要是由于雨量筒在大风气流中会发生流线严重变形而产生的。此时经过雨量器上方的气流和雨滴的轨迹线几乎与地面平行，从而使雨滴飘走而不落入雨量筒内；雪片的比重更小，因而飘溢现象更加显著。

国外对风速与捕捉率的关系研究较多，得到的结论不尽相同，综合起来有以下两种：

（1）风速与捕捉率的直线相关，Helmers（1954）给出两者之间最简单的相关方程，其中风速是一周的平均值。方程通过统计检验，但精度欠佳，原因是未区分降水形态以及周平均风速的时间尺度过长。Sturges（1984）认为，以降水日平均气温为参数，区分不同的降水形态分析两者的关系，发现降雪时捕捉率受风的影响最大，雨夹雪时次之，降雨时两者不相关。Green（1970）考虑雨滴下落路径对捕捉率的影响，以雨滴倾角（雨滴下落路径与水平线的交角）为参数，建立三个相关方程。结果表明，在同样风速下，雨滴下落路径越倾斜，雨量器的捕捉率就越低。

（2）风速与捕捉率关系为曲线形式，又可分为两类。第一类较常见，曲线随风速增大向下弯曲，表明静风时雨量器的捕捉率最高，最大风速时捕捉率最低。同样风速下，降雨时的捕捉率最高，雨夹雪时次之，降雪时最低，带防风圈雨量器的捕捉率高于不带防风圈者。第二类曲线为上凸形，当降水时段平均风速在 $0 \sim 4 \text{m/s}$ 时，捕捉率大于 1.0，风速超过 4.5m/s 时，捕捉率小于 1.0，以后随风速增大而下降（Goodison，1981）。Goodison 认为：曲线异常的原因是 Nipher 防风圈的防风作用好，加拿大标准雨量器的口径小，受风的干扰小。另外，防风圈边缘的溅水补充以及防风圈上的积雪被风吹入雨量器，使雨量器观测值偏高。

2. 蒸发

蒸发误差是指降水停止到观测时刻或降水间歇期间雨量器储水瓶中水分蒸发造成的损失，它属负向系统误差。蒸发误差可用下式计算：

$$\Delta p_z = z_d h_d + z_n h_n \tag{4.2-1}$$

式中：Δp_z 为时段降水观测蒸发误差，mm；z_d、z_n 分别为雨量器白天和夜间蒸发损失率，mm/h；h_d、h_n 分别为时段降水观测中白天和夜间的蒸发时间，h。

降水观测蒸发损失与观测站所处区域的气候条件有关，而且随季节不同而变化，所以蒸发误差的有关参数必须通过实验确定，不可盲目借用。《降水量观测规范》（SL 21—2006）指出，蒸发损失量可占年降水量的 $1\% \sim 4\%$。

雨量器观测降水的蒸发损失量取决于蒸发时间内的气温以及雨量器器口的风速和饱和差。另外雨量器储水瓶（筒）的口径和封闭程度以及雨量器的颜色和使用年限也与蒸发损失有关（Sevruk，1985）。蒸发时间是决定蒸发损失量的关键因素，它与蒸发损失量成正比。雨量器的蒸发损失量可用实验方法确定。定时向雨量器储水瓶（筒）中加水，定时称重，两次称重之间的重量差，即为实验时段（蒸发时间）内雨量器的蒸发损失量（mm），蒸发损失量与蒸发时间的比值，就是蒸发损先率（mm/h）。据

Sevruk（1974）研究，瑞士 Hellmann 雨量器日蒸发损失量的最大值为 0.75mm，1971 年 8 月无降水日雨量器日平均蒸发损失量为 0.60mm，德国及波兰 Helmann 雨量器的日蒸发损失率分别为 0.015mm/h 和 0.018mm/h，Tertyakov 雨量器的日蒸发损失率为 0.051mm/h（Golding，1998），国内普通雨量器为 0.011mm/h。由于各种雨量器结构和观测场气候条件的差异，不同雨量器的蒸发损失率相差较大。国外雨量器的蒸发损失实验大多选择无降水天气时进行，实验资料反映无降水条件下雨量器储水瓶（筒）中水分蒸发，也许比降水停止后雨量器的实际蒸发损失大。水面蒸发自动站如图 4.2-1 所示。

图 4.2-1　水面蒸发自动站

3. 建筑物影响

按照《降水量观测规范》（SL 21—2006）要求，需要有专用的降水量观测场地，观测场地应避开强风区，其周围应空旷、平坦、不受突变地形、树木和建筑物以及烟尘的影响。随着城市的发展，高楼大厦建筑物越来越高，雨量观测仪器安装位置的布设比较困难，给降雨准确测量带来很大的影响；尤其是城市高楼密布，楼市间的风强及风场变化不定，对降雨测量的精度影响很大；部分雨量计安装在房顶、立杆等高处，其降雨观测值会偏小。

4. 器壁黏附

湿润误差指标准雨量器的承雨器和储水瓶内壁对部分降雨的吸附造成的水量损失。湿润误差使观测的降水量数值偏小，该误差与雨量器的材料、结构、观测操作方法以及风速、空气湿度和气温有关。雨量器内壁越光滑，湿润误差越小。风速大、湿度小、气温高，湿润误差就大。湿润误差包括承雨器和储水瓶两部分，用下式计算：

$$\Delta p_w = (S_1 + S_2)n \qquad (4.2-2)$$

式中：Δp_w 为等时段降雨量观测的湿润误差，mm；S_1、S_2 分别为承雨器和储水瓶一次降水量观测中的湿润误差，mm；n 为该时段内雨量器的湿润次数。

《降水量观测规范》（SL 21—2006）指出，一年累计湿润误差可使降水量偏小 2% 左右；降微量小雨次数多的干旱地区，年湿润损失可达 10%。

同一种雨量器，对应降雨的湿润损失量最大，雨夹雪时次之，降雪时最小。如 Tertyakov 雨量器在雨、雨夹雪和雪时的平均湿润损失量分别为 0.22mm、0.19mm 和 0.18mm。瑞士 Hellmann 雨量器的湿润损失量固态降水时为 0.15mm，液态降水时为 0.30mm（Sevruk，1985）。但是，另一种观点认为，雨量器在观测固态和液态降水时的湿润损失量相同，通过实际观测发现，不同降水形态下普通雨量器的湿润损失量有较明显的差异（杨大庆等，1990）。

承水器和储水瓶（筒）由湿变干所需要的时间为雨量器在观测环境下的干燥时间。Sevruk（1974）指出，在夏季干旱气候条件下，Hellmann 雨量器盛水器的干燥时间为 10~20min，湿润气候条件下不超过 1h，储水筒的干燥时间为 4h。1986 年夏季乌鲁木齐河源的实际观测表明，普通雨量器不带漏斗时，承水器的干燥时间约为 1h，储水筒的干燥时间不超过 2h。因而认为，夏季在乌鲁木齐河源普通雨量器的干燥时间为 2h。Sevruk（1974）发现月湿润损失修正量的 10 年平均变化为 39~55mm，4—9 月合计值为 30.1mm。

5. 监测方法

目前，国内降雨观测仪器主要为翻斗式雨量计，是因为翻斗式雨量计具有简单实用、精度高等特点，被广泛应用于气象和水文降水测量，其观测分辨率可分为 0.1m、0.2mm、0.5mm、1.0mm 几种类型，对于降水量较少地区一般采用 0.1mm 和 0.2mm 的雨量计，而降水量较大地区则采用 0.5mm 和 1.0mm 的雨量计。然而，在实际应用过程中，发现翻斗式雨量计存在误差。一方面，翻斗式雨量计存在由蒸发、浸润和风场扰动引起的测量误差。另一方面，也存在由于翻斗在翻转过程中雨量捕捉损失导致的机械误差。因翻斗式雨量计的结构原因，在小雨强时，随着翻斗内的水量蒸发等因素，实测降雨量值会偏小；在大雨强时承雨筒内的水快速向翻斗流动，会对翻斗产生一定的冲击力，使翻斗还没有达到标准水量时就发生翻动，使得实测雨量值会偏大。

为了减小机械误差对降水观测的影响，通常采用动态率定方法确定雨量计率定曲线并进行标定，将雨量计的计量误差控制在 ±4% 以内，从而减弱降水强度对雨量计翻斗机械误差的影响，提高观测精度。还有一种减小雨量计机械误差的方式是利用双层翻斗式雨量计。具有上下两层翻斗以及中间漏斗，上层翻斗承接集雨器收集的雨水，达到翻转条件时将雨水翻入中间漏斗，而后中间漏斗将雨水注入下层计量翻斗。上层翻斗和中间漏斗相结合，起到调节降水强度的作用，使得下层计量翻斗始终接收较为稳定的流量。因此，理论上双层翻斗式雨量计只需要进行单一降水强度的标定便可将机械误差稳定在很小的范围内，以提高雨量计的测量精度。双层翻斗式雨量计已在气象观测站中得到了广泛的应用并取得了较好的效果。

4.2.2　水位信息监测影响因素

城市水位信息监测主要包括城市河道及湖泊水位监测、低洼地段水位监测、道路水位监测、排水管道水位监测等方面，其影响因素很多，尤其是部分城市水位监测是用于计算断面过水流量，水位测量精度关系到河道及管道排水能力。影响城市水位信息监测的主要因素有水位测量精度、水位测量仪器可靠性等内容。

1. 水位测量精度对过水流量的影响

城市河道及排水渠道一般不太宽，水深也较浅，因此，对水位测量的精度要比天然河流的测量精度高，尤其是对部分需要计算排水流量的河道及排水渠道，高精度水位测量才能保证排水流量计算的准确。同时，城市河道、湖泊、排水渠道的水位精确测量关系到周边居民生活安全，关系到企业安全生产，关系整个城市防洪救灾和科学调度的需要。在发生城市洪涝灾害时，上级主管部门需要及时掌握城市内河道、湖泊、排水渠道的水位信息，通过科学合理的调度，减少洪涝灾害带来的影响和损失。

由于城市的快速发展，当发生城市洪涝灾害时，城市低洼地区及道路会发生严重积水现象，因此，对城市低洼地区及道路水位监测是必要的，它关系到人员及车辆安全。尤其是下穿式立交桥和隧道等地，当积水较深时有可能会威胁人民群众的生命安全，需要通过实时监测下穿式立交桥和隧道的水深数据，向过往行人及车辆发布水深信息及告警警示，提醒行人及车辆注意，保障行人行走及车辆行驶安全。另外，当发生积水时，行驶车辆会带动积水波动，影响道路水位监测精度。因此，对城市低洼地区及道路的水位测量精度要求相对比较高，这样才能满足实时预警和发布告示的需求。

城市排水能力决定城市洪涝灾害的影响程度，为了及时掌握城市的排水信息，需要对城市排水管网进行实时监测，重点监测排水管网的过水流量。针对我国城市排水管网的实际情况，目前，主要通过在管网内修建过水堰槽，利用测量水位来换算出过水流量。因排水管网的截面较小，水深也较浅，常规水位计的测量精度无法满足过水流量监测的要求，所以，对排水管网的水位监测需要采用高精度水位监测仪器，以满足排水流量准确测量要求。

2. 水位测量仪器可靠性的影响

城市低洼地区及道路水位监测环境恶劣，且平时无水，道路上灰尘和泥土会对水位监测仪器造成影响；道路行车有时也会对水位监测仪器形成撞击等破坏；道路水位监测仪器长期放置在野外，对环境的适应性要求较高。因此，要求道路水位监测仪器的可靠性要高，能适应恶劣环境条件，且水位监测仪器安装方式要不受行车的影响，抗干扰、抗撞击能力要强。

4.3 国内城市洪涝信息监测技术存在的主要短板和薄弱环节

社会需求是水文发展的不竭动力，水文作为水利和经济社会发展的基础工作，取得了长足的进步，但也存在着自身发展的一些短板。随着城市化的发展，降雨、蒸发、径流、下渗等各种水文要素发生了变化，城市水文过程发生了很大变化，水文监测体系已经不能满足城市防洪的要求。当前水文工作存在总体支撑能力不强，存在站网布设不完善，监测能力薄弱，现代化水平偏低，服务手段落后和信息产品单一等突出短板，导致难以全面掌握城市的水文要素信息，进而难以提供有效的服务。

（1）城市监测站网不能满足城市发展的需求。目前，我国城市水文监测尚处于起步阶段，全国 62 个防洪排涝重点城市，仅有 17 个城市开展试点监测。监测站网布设、监测项目设置及信息处理能力和预警系统建设均滞后于城市发展需求。随着城市化进程的加快，人口增多，局部暴雨频繁，基本雨量站网不能满足城市发展需求；随着城市化进程的加快，建筑物逐渐增加，大范围的硬化使不透水面积加大，导致产汇流规律的显著改变，产流系数大大提高，汇流速度明显加快，市内河流洪峰流量增大，城市监测站网不能满足城市发展要求；城市内涝越来越严重，道路水位监测站网基本空白，积水情况不能及时预警预报；排水管网监测还处于起步阶段，城市排水综合调度还无法实现。马路成了排洪沟，立交桥下、隧道成了重灾区，到处出现积水，内涝问题严重，城市正常的交通秩序受到影响，人民群众财产受到城市洪水的严重威胁。

（2）城市水力学、城市水文学的发展跟不上城市洪涝预警的需求。由于城市水力学、城市水文学是近年发展起来的新型学科，很多研究领域及研究内容还处于初始阶段，无法满足当前城市洪涝灾害预警的需求。因此，需要加大对城市水力学、城市水文学的研究，结合我国城市发展的实际情况，研究出适合我国城市需要的城市洪水预报模型和城市排水模型，再结合城市的排水管网，综合进行预测、预警和科学调度，以减小城市洪涝灾害的影响。

（3）城市洪涝灾害预警技术和信息发布手段还无法满足当前城市发展的需求。由于当前城市洪涝监测措施不完善、监测项目不全、监测信息利用率不高、多头管理信息共享不畅、信息发布手段单一等问题，预测预警技术还有待提高，避免城市洪涝灾害造成较大的损失。

（4）监测自动化程度低。随着水文监测、服务与管理现代化进程的推进，近 30 年，我国水文监测自动化发展迅速，当前水位、雨量、陆面气象要素已基本实现了自动化监测，但流量要素自动监测率低，全国有流量自动监测设施的水文站约占 30%。

（5）洪涝信息立体化监测体系有待完善。从现有监测技术来看，水文站网的监测主体和高精度数据仍然以地面水文站网监测为主，随着监测要素的增多、监测范围的扩大、监测服务对象的扩展，使得地面监测站网数量逐年增大，监测站点密度逐年增高，不仅进一步加深了站多人少的问题，也同时带来更加庞大的监测设备运维管理工作量。从监测的时效性、覆盖面来看，纯粹的地面监测站点也难以适应新要求，必须加强空天地结合的监测新手段的应用。发挥不同监测技术的优势，发展相关标准和监测新体系，在不同的需求下发挥不同技术手段在精度、时效和范围上的监测优势并予以整合促进。

（6）运行维护机制不完善。随着水文监测、服务与管理现代化进程的推进，监测站网的不断拓展，监测要素的逐渐完善，相应的水文自动化监测设备数量势必急剧增加，但目前自动化监测体系运行维护机制不完善，各水文监测设备平均无故障运行时间仍不理想，且监管对象数量大、监管环节多、监管过程长、涉及的相关技术多而复杂，水文队伍缺乏专业的设备检修技术，缺乏长效运维保障机制与经费支撑。与此同时，各地水情系统的升级维护同样缺少长效的运维机制和固定资金支撑，存在部分系统因长期得不到有效维护不适应发展需求而搁置的情况。

（7）数据处理智能化水平不高。随着水文监测自动化的发展，相比于人工监测，自动化监测要素增多，监测站点加密，监测数据时空密度成倍剧增，监测数据总量呈几何式增长，为水文数据人工分析、整编、入库等工作带来巨大困难，部分水文数据由于存在有效的整编入库或标准化存储导致监测即搁置的情况，水文监测数据自动化分析处理能力严重不足。

（8）城市水文服务能力不足。我国的水文事业在国家不同的发展阶段，面临着来自工程建设、防洪抗旱减灾、水资源管理、水环境保护和生态文明建设等领域凸显的不同服务需求，监测需求也因服务需求的多元化发展而不断调整或增多，不免存在城市水文监测服务能力发展相对日益增多的服务需求滞后的问题。面对"十四五"发展规划及2035年现代化远景目标要求，面对"智慧水利""智慧社会"和水文现代化建设的需求，在"十四五"时期必将要全方位推进智慧水利建设。以水利信息化驱动水利现代化，建设安全实用、智慧高效的水利信息大系统，构建覆盖江河水系、水利工程、水利管理活动的一体化监测感知体系，推进水利大数据中心建设，全面提升水利大数据分析处理能力和共享服务水平。

4.3.1　城市降雨监测现状存在的问题

（1）降雨观测点严重不足。目前大部分城市降雨观测点是按《水文站网规划技术导则》的要求布设的，一般一个城市也只有很少几个观测点。随着城市的不断扩张，城市水文气象条件也在不断发生的变化，现有降雨观测点已经不能适应防洪排涝的总体要求，无法满足日益严峻城市洪涝的预警机制的要求。需要根据城市洪涝灾害监测的需要，合理、科学地布置降雨观测点。

（2）降雨观测仪器安装位置不合理。由于目前城市高楼大厦密布，满足降水量观测规范要求的监测仪器安装点选择比较困难，部分降雨观测仪器安装在楼顶或高杆上会严重影响降雨观测精度。

（3）降雨观测仪器测验精度有待提高。因受城市风场变化不定及仪器安装位置的影响，降雨观测仪器的测验精度还有待进一步提高，可以采用一些新型降雨观测仪器，以及增加防风措施等方面来改善或提高测验精度，满足城市洪涝灾害预警对降雨监测的要求。

（4）缺乏整体、全方位的降雨观测措施。城市降雨观测点的建设可为城市产汇流模型提供基础数据支撑，但城市降雨观测点不可能大量布设，因此，还需要利用气象雷达监测信息、卫星云图信息、遥感信息、周边水情信息等资料，实现资料共享，以提高城市洪涝灾害预测预警能力。

（5）城市雨洪模型还需要进一步研究。随着城市化进程的加快，城区下垫面条件发生了很大的变化，导致城市径流系数增大，径流量增加，改变了城市水循环过程。常规的雨洪模型已不适应城市洪涝预测预报的要求，而我国对城市雨洪模型研究主要是对国外成熟模型基础上的改进，与我国的实际情况还存在一些差距。因此，需要进一步加强对我国城市雨洪模型研究，提高城市洪涝预测预报精度。

4.3.2　城市水位监测现状存在的问题

（1）水位监测站点不全。虽然目前部分城市在河道、湖泊、低洼道路上建设了一些水位监测点，但总体来说水位监测点不够，尤其是一些易淹道路、城市管网等方面还基本上没有水位监测点，需要根据城市布局情况，合理设置水位监测点，满足城市洪涝灾害预警要求。

（2）水位监测仪器可靠性不高及水位测量精度无法满足流量推算要求。目前在城市水位监测中主要采用常规水位计，对城市河道监测基本上可以满足水位监测的要求，但对于立交桥下等城市低洼道路监测方面，还存在仪器可靠性不高和适应性不强的问题，长期使用后易发生各类故障等问题，给使用维护带来很大不便。在城市管网监测中水位测量精度不高给排水流量推算带来很大的影响。

（3）水位监测数据智能化程度不够。目前，很多城市建设了一些城市洪涝信息监测系统，部分城市因建设和管理单位不同，侧重点及要求也不一致，还没有形成统一的数据接收处理平台；对水位监测数据的应用还处于直接展示阶段，没有和城市相关雨洪模型及 GIS 很好地结合起来，无法直接预测出城市的积水面积、影响范围等信息。因此，还无法对城市排水设施进行联合调度，及时减少洪涝灾害影响。

（4）水位监测设备的维护工作需要进一步加强。由于水位监测设备长期安装在河道、城市低洼道路、管网等位置，易受行人、车辆、杂物、污染物等影响，需要定期对水位监测设备进行清理、校准等维护工作。因此，需要组织专业队伍或委托相关厂商对城市水位监测设备的维护，保证水位监测设备稳定、可靠运行。

4.3.3 城市流量监测现状存在的问题

（1）流量监测站网严重不足。流量监测主要包括城市河道、排水渠道、地下排水管网、排水泵站等方面，排水泵站一般都安装了流量监测设备，或者通过泵站效率也可推算出排水流量，但城市河道、排水渠道和地下排水管网的流量监测严重不足，部分城市虽然在主要河道上安装了流量监测设备，而地下排水管网基本上没有流量监测，整个城市各区域排水能力无法监测到，直接影响到城市排涝的联合调度。

（2）流量监测手段不够完善。影响城市地下排水管网流量监测的主要原因是城市排水管网结构和形式不一致，既有小口径管道排水，也有地下排水渠道，流量监测设备安装和维护不便；当前管网流量监测技术及监测设备还不够完善，尤其是地下管网基本上处于非满管形式，常规管道流量计无法使用，需要采用其他方式来进行流量监测。目前，国内有部分城市已进行了雨污分离工程，对地下管网重新进行了改造，可以考虑在地下管网中修建堰槽方式来进行流量监测。对于重要排水管道内安装超声波在线流量监测设备，提高流量实时监测能力，对城市河道也可采用多种常规流量监测方式来实现。

（3）城市管网排水模型还不够成熟。由于地下管网流量监测不够完善，且相应的城市管网排水模型还不够成熟，需要相关单位结合城市洪涝信息监测系统的建设，重点开展城市管网排水模型研究，为城市排涝联合调度提供技术支撑。

（4）洪涝与排水联合调度模型相结合。当发生城市洪涝灾害时，一方面要保障行人和车辆的安全，另一方面要尽快将城市内的洪水排出去。因此，需要通过建设城市洪涝信息监测系统，掌握实时的降水信息，利用城市雨洪模型计算出可能形成洪涝范围及程度，同时通过城市管网排水模型计算排水能力，通过城市联合调度，利用排水泵站尽快将洪水排出城区。另外，通过城市网格化管理新模式，打通全市排水网络，利用联合调度将积水严重地区通过多通道排水方式进行排涝，从而减轻洪涝灾害损失。

4.4　城镇化发展对我国典型城市洪涝信息监测的影响及对策

近年来，我国汛期"城市看海"成常态。基于 2006—2013 年的《中国水旱灾害公报》（程晓陶等，2015）统计资料，我国每年遭受洪涝的城市都在百座以上。其中，2010 年、2012 年、2013 年受淹城市分别高达 258 座、184 座和 243 座，相应洪灾直接经济损失高达 3745 亿元、2675 亿元和 3156 亿元，在大江大河水势基本调控平稳的情况下，4 年中竟有 3 年损失超过 1998 年特大洪灾损失的 2551 亿元。现阶段我国年洪涝直接经济损失与受淹城市数量呈正比。2006—2013 年洪涝直接经济损失与受淹城市数量的统计关系见图 4.4 - 1。以往洪灾损失中占大头的农林牧渔损失比例下降 30％～40％。事实表明，随着经济的快速发展和空前规模的城镇化进程，我国洪灾损失特性已经发生了显著的变化。

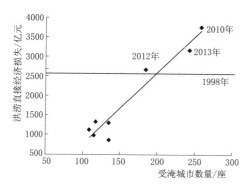

图 4.4 - 1　2006—2013 年洪涝直接经济损失与受淹城市数的统计关系（程晓陶等，2015）

城镇化是当代社会发展与进化最为显著的标志之一。国际统计资料显示，城镇人口在 30％～60％是一个国家或区域城镇化发展的快速阶段，对洪涝风险分布有长远影响。我国人口城镇化率在 1998 年突破了 30％，1978—1998 年间我国人口城镇化率提高了 14.4％；而 1999 年以来，15 年间又上升了 20.4％，21 世纪以来城镇化进程明显加速。由于我国人口基数大，1978 年改革开放后的 35 年间我国城镇常住人口从不足 2.0 亿人上升至 7.3 亿人，净增城市人口约为欧盟 28 成员国人口之总和，相当于欧洲二三百年的城镇化进程在中国被压缩到了数十年间。

城市洪涝频发，固然与气候变化背景下局部短历时强降雨增多相关，但就我国而言，更多的则是城镇化迅猛进程中洪涝风险增大的体现。事实表明，21 世纪以来，我国城镇化进程加快，基础设施欠账太多，是我国近年来洪涝灾害损失急剧上升的主要成因。据统计，2013 年我国有防洪任务的城市中，共有 284 座未完成防洪规划的修编任务。由于城市规模扩大、人口增加，防洪标准提高，城市防洪治涝基础设施规划建设处于严重滞后的状态，与 2006 年资料相比，未完成防洪规划编制或修编任务的城市总数反而从 170 座上升为 284 座。

城市洪涝灾害是突发性事件，具有持续时间短、危害大等特征。为了有效地预防和控制洪涝灾害，必须迅速准确地了解水情、水势的进展情况，并及时地进行洪涝调控，就需要有准确的城市洪涝信息监测。而传统基于人工为主的信息采集手段、过程及水平已经很难满足防洪抗涝的需要。20 世纪 60 年代发展起来的遥感（Remote Sensing，RS）技术，因其具有观测范围大、获取信息量大、速度快、实时性好、动态性强等优势，在防洪减灾中发挥着越来越大的作用。

目前我国总体上仍处于城镇化快速发展、城市洪涝风险上升的阶段，在前期基础设施建设欠账多的情况下，要扭转城市水患激增的被动局面，迫切需要加强城市排水、防洪治涝工程体系的规划与建设，健全应急管理体制，并大力加强城市洪涝应急响应的能力建设。建立城市洪灾模型，能够在面临洪灾时，快速及时地进行洪水动态监测、洪水损失评估、道路及工程设施险情分析、辅助抗洪抢险决策建议及灾后重建规划等。

在城市洪涝灾害减灾过程中，对雨情、水情、工情、灾情四项基本信息的监测至关重要。针对城市洪涝灾害的实际情况，完善城市降雨、水位、流量监测站点，加强监测新技术与新装备研究，进行多种信息的融合，改进和完善城市雨洪模型和管网排水模型，利用互联网、物联网、大数据、智能监控、云服务平台等新技术，进行城市洪涝灾害的预测与预警以及监测信息的实时发布。

雨情监测即时段降雨量的监测，在常规监测的基础上，还可以借助雷达或卫星数据得到雨量在相应面域上的分布。可以利用气象部门的天气雷达监测信息进行同步分析，可以结合城市特点安装雨量雷达进行面雨量监测，也可利用极轨或静止气象卫星（如 FY 系列卫星等）估算降水，红外、可见光及微波影像也是观测降水量的重要数据源，尽可能多地融合多源信息得到相对准确的雨情信息。

水情监测即流量和水位的监测，根据流量过程可以计算出某一时段的洪水总量（丁一汇等，2009）。根据我国城市特点，研发不受行车影响、稳定可靠的新型积水监测水位计，以及适合地下管网使用的新型流量在线监测设备，提高城市洪涝信息监测能力。在洪灾防汛时，也可利用陆地卫星对城市洪涝进行实时监测，叠合洪水期图像与本底图像，确定淹没范围及河道变化；机载 SAR 图像用于随时、及时监测洪水，近红外遥感可确定城市河流行洪能力及重点淹没状况等；遥感与地理信息系统的结合，可实现对洪涝灾害的实时监测与查询，快速提供灾情现状，及时了解灾情发展。

工情监测即对重点水利工程（如河道、城市集水区、排水泵站等）的监测，利用工情监测信息可以为排涝调度提供支持，尤其是对排水泵站的智能监控需要实时的工情信息提供支撑，同时根据工情信息为城市洪涝的预测与预警提供基础信息。

城市洪涝灾害预警与应急管理系统建设是应对城市洪涝灾害极端事件的有效手段之一。系统需利用二维和三维 GIS、数据库、网络、动画、三维展示、系统集成等前沿信息技术，采用水文预报模型（雨洪模型）、一维和二维水动力学模型（排水模型）、灾害损失评估模型等专业应用模型，结合防汛应急预案和应急指挥管理体系，实现对城区实时水雨情的监测预报、暴雨积水的实时分析、积水的预警分析和信息发布、灾情分析、应急指挥调度方案生成、三维防汛信息的管理与展示等功能，为城市防汛应急指挥调度工作提供强有力的支撑。

4.5 小结

近年来，城市洪涝灾害一直是我国防汛减灾工作的重点，并随着社会经济的发展和治水理念的变化，对城市防汛减灾提出了更高的要求，仅依靠工程措施不可能完全解决城市溃水内涝问题，也是不经济的，必须做到工程措施与非工程措施并重，在做好排水设施规划设计改造与实施的前提下，更加注重非工程措施。建立城市洪涝信息立体监测系统，完善城市降雨、水位、流量监测站点，加强监测新技术与新装备研究，进行多种信息的融合，改进和完善城市雨洪模型和管网排水模型，利用互联网、物联网、大数据、智能监控、云服务平台等新技术，对城市暴雨积涝情况的动态、直观展示，准确定位、发布警示信息、网上实时查询，使人民群众能第一时间掌握城市洪涝状况，提高人民群众的防涝抗涝能力。将暴雨积水监测、预测细化到街区，有助于政府和市民清晰了解、掌握城市的降水地理分布，对今后城市暴雨积涝预警、排水管网规划等提供科学依据，可最大程度降低内涝损失，有效提升城市的信息化管理水平。

第5章 洪涝信息监测新技术

5.1 概述

由于气候变化和城镇化进程的影响，城市暴雨水文特性与成灾机制均不断发生着变化，现代城市暴雨洪涝灾害的孕灾模式、成灾机理与以往农业社会的水灾特性已经有了显著不同。流域水文过程和水文规律发生了显著变化，洪涝灾害的发生频率和强度有明显增加趋势。同时城镇化使得城市人口和经济高度集中，对洪涝灾害的敏感性和脆弱性增加。

城市洪涝情势以及管理的新形势对洪涝信息的需求发生了巨大变化，传统的水文监测站点大多布置于城市外部的上下游河道，监测重点是天然流域降雨、河湖水位和流量，并非城市内部降雨径流过程、区域积水和地下管网状态信息。近年来随着信息技术和传感技术的飞速发展，尤其是GPS、RS 和 GIS 技术、物联网技术与城市水文监测科学的结合，使建立基于物联网的城市洪涝监测成为可能，监测技术向着自动化、实时遥测监控、高精度、全面统筹管理的方向发展，是城市水文监测技术发展中的一项重大突破，可使城市洪涝信息监测的效率和质量得到极大提升，也是未来城市洪涝信息监测技术发展的必然趋势。

物联网是指将各种信息传感设备，如射频识别装置、感应器、全球定位系统、激光扫描器等种种装置与互联网结合起来形成的一个巨大网络，实现自动、实时地对物体进行识别、定位、追踪、监控并触发相应事件。利用物联网技术，结合 ZigBee 和 GPRS 通信技术，有机整合水文监测的硬件平台和软件平台，将各类水文监测设备进行整合，实现 M2M 模式，构建一个基于物联网的城市洪涝水文监控系统，提升城市洪涝信息监测的效率、精度，有利于实现对城市洪涝信息的实时全局掌控。

5.2 水文监测自动化发展趋势

水文监测体系需要不断利用新技术获取时效性和高时空分辨率的相关

数据，传统技术难以适应新时期的全要素、全过程、全自动、全量程等需求，必须依靠新型传感技术、物联网技术、移动互联网技术和人工智能技术带动水文监测技术现代化变革。开发和引进新型接触式和非接触式传感技术，应用新型卫星、雷达、无人机、视频、遥控船、机器人等多种监测手段，提升地面测站和巡测能力，实现降水、流量、水位、泥沙、水质、地下水、土壤含水量等常规水文要素的全量程自动监测，扩展水生态要素、气象要素、地理位置、水上水下地形、植被覆盖等辅助要素监测能力；应用新一代 ICT 技术，包括 NB-IoT、5G、小微波、LTE 等物联网技术进一步实现水文监测数据的高质量、高可靠性、高速度传输，以及传感终端健康诊断和反馈控制等能力；研发集约化程度高、体积小、功耗低、通信接入便捷稳定、维护保养简单易行的新型装备，提升全环境水文监测作业能力；应用边缘计算、移动互联、云技术，实现感知数据和信息的就地处理、在线处理和智能分析，快速响应和支撑业务应用。

补齐水文测报手段落后、现代化水平低的短板，全面加快水文监测能力提档升级，国家基本站推动全要素自动监测、视频监控。部属机构、京津冀、长三角、粤港澳等区域率先建立空天地一体化的立体水文监测体系。水位、流量、泥沙、雨量、蒸发、地下水、墒情等要素全部推进自动监测。通过建设低水流量测验断面等方式实现低水自动监测，设立上下游比降断面等方式实现高洪（超标洪水）自动监测，省级以上水质监测和实验室分析达到标准规定的全指标监测能力，重要生态控制断面和水生态敏感区水生态监测全覆盖。雷达技术、卫星遥感影像数据在雨量、地表水体、洪水演进、分水淹没区、墒情等水文监测分析中得到广泛应用。实现地级行政区巡测基地全覆盖，巡测比例提升至 90%。

加快卫星遥感应用、无人机技术、雷达技术、视频监控和高精度 GNSS（卫星导航系统）-RTK 技术等在水文监测业务中的推进应用，从传统的以固定站点和断面为主的监测模式，向监测点、线、面并行覆盖，卫星、雷达、无人机、地面站点、水下监测设施等空天地一体化、多手段的立体监测体系发展。

5.2.1 水文遥感监测

遥感监测技术的监测对象主要包括洪水淹没、墒情旱情、河槽演变、河道堵塞、冰川面积与分布、湖库坑塘面积与分布、灌区耕地面积、种植结构、河湖"四乱"、生态基流、水质、水生态和冰凌情势等。在流域机构和省区级建设流域、省级水文遥感监测中心 39 处，通过网络为各级水文监测部门提供处理和信息服务。每个中心具有数据影像获取处理、遥感数据处理解译和遥感成果管理和服务等功能。

建设遥感成果管理和服务平台，结合数据中心建设，开发遥感成果存储管理、解析和服务发布平台，实现产品高效管理、快速发布与共享。采集卫星遥感、航空遥感、无人机遥感等遥感影像；建设遥感影像校正、拼接、融合等协同处理环境实现数据批量自动处理和遥感影像信息智能识别，解译获取洪旱灾害、河湖岸线、冰情，河流流向、土地植被、积雪、土壤墒情以及水资源、水质、水环境等业务要素信息。

5.2.2　无人机监测

充分发挥无人机技术在获取局地洪水情势、洪灾淹没、江河湖库地形、河道拥堵、冰塞凌情、局地突发事件等精准信息方面的独特优势，及时为指挥调度、会商决策提供现场实施视频连线服务等功能，依托省级水文信息中心（数据中心）所提供的基础信息化运行环境，建设无人机监测成果管理和服务平台，包括无人机影像处理和解译分析软件等，并为各级用户提供无人机成果应用服务。为省级和地市级水文部门配备无人机监测装备、无人机视频实时传输等设备。

5.2.3　视频监视技术

水文视频监测可对特定地点的水流水文情势进行 24h 无间断监视，将河流水势、水位、流量、冰情、设施运行状态和安全等信息实时传输到用户端。一方面可监视对象实时状况，如江河湖泊汛情旱情、非法采砂、非法侵占岸线、水面漂浮物，山洪及滑坡易发区域情况，水利工程调度运行状况、水工建筑物安全状况等；另一方面可借助智能摄像头和图像识别算法，从图像中自动提取水利要素，如布设于河道边的摄像机即可实现 24h 实时水位监测、实时流速监测及现场监控，如图 5.2-1 和图 5.2-2 所示。通过视频监视管控技术，可以有效记录应急抢险相关视频图像信息，记录灾害区域全貌、灾害现场情况；在水工程安全运行与水工程建设方面，对各类工程机电设备运行、工程人员巡检、工地佩戴安全帽情况、门禁/人员出入口、车辆卡口、人员卡口，通过视频进行智能识别与管控；在河湖治理方面，通过摄像机监控实现采矿船的识别、漂浮物识别、水域岸线侵占、闸门启闭、河岸垃圾、水域面积识别、水体颜色和排水识别等。

图 5.2-1　视频流速仪（江门宅梧河）　　图 5.2-2　视频水位计（武都水文站）

5.2.4　气象卫星探测技术

气象卫星具有大范围监测预警能力，载荷数量多，能探测气溶胶-云-降雨的演变过程。其提供的高分辨率卫星云图、图像和大范围气象数据等，对降雨情况进行测算，通过水文模型分析预测可能出现的洪水和山洪灾害，提早提出预警。在气象卫星方面，中国气象局目前有 8 颗气象卫星（极轨卫星风云 3 号 4 颗，静止轨道卫星风云 2 号 2 颗、风云 4 号 2 颗）在轨运行，用于我国及周边区域全天候气象探测的主要是风云 4 号卫星（图 5.2-3 和图 5.2-4）。

水利部信息中心通过研发风云 4 号和葵花 9 号静止气象卫星多通道遥感云图产品识别强对流暴雨云团算法，实现暴雨云团覆盖范围实时提取和外推 3h 预报，实现了对未来 1～3h 可能发生强降雨风险地区（地市级）的自动化预警，但精度还有待进一步提高，定量化预警难度大。2023 年以来，通过蓝信逐小时实时自动发送未来 3h 强降雨风险区域（地市级）预警。通过蓝信向部本级和各流域机构发送卫星云图强降雨风险预警 314 次、49932 人次，累计涉及 1507 个地市。利用气象部门共享的天气雷达实时数据，开展了人工分析雷达拼图回波，制作发布地市级短临暴雨预警（1～3h）并直达防御一线。据初步统计，2023 年以来，水利部通过蓝信群向水利系统内部发送雷达短临暴雨预警 118 次、66080 人次，涉及 1202 个地市，合格率达 55%（林祚顶等，2023）。

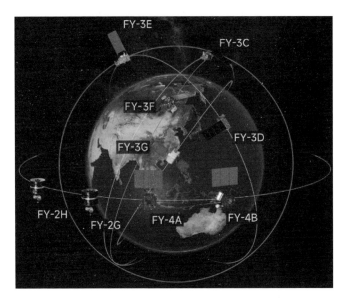

图 5.2-3 中国风云系列气象卫星

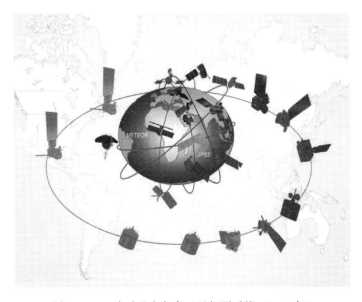

图 5.2-4 全球业务气象卫星探测系统（2021 年）

5.2.5 雷达测雨技术

雷达监测作为一种主动遥感监测手段，可以不受地理环境的影响，得到具有一定精度的、大范围高时空分辨率的瞬时降水信息，提高洪水预报的精度和时效性，进而为专业应用系统提供实时性降雨信息，增加预警预报的预见期，为公众提供即时性降雨情势信息。

在具备条件的省市开展重点暴雨区雷达测雨技术应用试点，提高区域雨量测量的总体精度和雨量信息获取的时效性，有效补充定点雨量站分布密度偏低造成的不利影响。

水利部党组深入贯彻落实习近平总书记关于强化监测预报预警、补好灾害预警监测短板的重要指示精神，作出了加快构建气象卫星和测雨雷达、雨量站、水文站组成的雨水情监测预报"三道防线"的决策部署。构建第一道防线，测雨雷达建设十分重要，对水利行业来说这是一项迫切的任务，同时也是一项新兴任务。水利测雨雷达是指对近地面（2km 以下）大气中的液态水实现无盲区的超精细化格点扫描和测量的 X 波段固态双极化雷达，包括相控阵型和机械型两种，如图 5.2-5 和图 5.2-6 所示。传统的天气雷达对 0～20km 探测高度范围内的所有类型（雨、冰、雪、雷暴大风、龙卷风、夏季暴流等）气象目标实现快速地探测和预警，包括 S、C、X 等多种波段，也包括机械型和相控阵型。水利测雨雷达系统是数字孪生流域建设中空天地一体化感知体系的组成部分，具有全天候、大范围、精细网格化降雨主动监测和临近降雨预报能力，日益成为旨在暴雨监测预报预警的重要技术手段。2020 年以来，水文部门在河北、湖南、陕西、四川、安徽布设 25 部（已建成 16 部）双极化（全固态）水利测雨雷达，其中湖南浏阳河捞刀河、河北大清河、陕西榆林无定河等三个试点已实现组网系统的业务化运行。

图 5.2-5　X 波段相控阵雷达

图 5.2-6　机械型雷达

5.2.6 高精度 GNSS – R 水位测量技术

全球导航卫星系统（GNSS），包括美国全球定位系统（GPS）、中国北斗导航卫星系统（BDS）、俄罗斯格洛纳斯系统（GLONASS）和欧洲伽利略导航卫星系统（Galileo）以及区域增强系统如日本准天顶卫星系统（QZSS）和印度区域导航卫星（IRNSS）等，具有全天候、近实时、高精度的特点，广泛应用于定位、导航和授时（PNT）。随着各导航卫星系统的逐渐完善，星座的增多，观测站的增加，其应用领域越来越广泛。GNSS 系统不仅应用于定位、授时和导航，还可以分析 GNSS 的折射信号和反射信号信息，折射信号可计算获得大气累计含水量（PWV），进而计算获得预报降水量，通过反射信号可获得地物测高等数据。

GNSS＋R 反射测量技术属于双基雷达，可获得地表粗糙特征和地球物理参数，即利用 GNSS 测量直射信号与地表镜面反射的信号之间延迟（时间延迟或相位延迟），再根据 GNSS 卫星、接收机和镜面反射点之间的几何位置关系，可反演地表特征。按照处理数据的方式，GNSS＋R 测高可以分为传统型 GNSS＋R 测高（cGNSS＋R 测高）和干涉 GNSS＋R 测高（iGNSS＋R）。前者是配置左右圆极化天线并利用接收机记录的直射信号与反射信号的载波相位数据，通过固定模糊度和解算接收机钟差等方式，确定两者之间的传播路径延迟，进而计算天线至地球表面的高度。后者是利用直射信号与反射信号功率波形相关的原理，测得信号时延，进而计算天线到地球表面的垂直距离，但其涉及复杂的多普勒时延算法，数据处理方法复杂。

传统型 GNSS＋R 测高一般是采用传统的大地测量型接收机，利用载波相位观测值作为原始观测量，得到直射信号与反射信号的传播路程差，再根据几何关系得到反射面的高度。如在湖边、河边或海岸上架设 GNSS 接收机，进行 GNSS＋R 测高试验，这就是岸基测高。其所架设的接收机高度都较低，其天线的照射面积决定有效的水面散射面积，可效代替传统的验潮站测量模式。GNSS 接收机对所接收到的直射信号与表面反射信号进行相关，并通过测量相关函数的最大值的位置得到时间延迟 T，进而可求得接收机到反射面的高度 H；干涉型 GNSS＋R 测高是利用特制的可以同时接收直射信号和反射信号的接收机，并将接收到的信号在接收机中进行相关处理，利用时延一维相关函数、多普勒一维相关函数或者时延-多普勒二维相关函数得到两个信号之间时间延迟，再根据几何关系得到反射面高度。

目前，水面测高的对象主要是海面和湖面以及滞洪区淹没水位。对于海面测高，传统的星载雷达是最常用的测高方式，后来随着 GNSS 技术的发展，卫星测高技术逐步得以推广。但是该方法不具备中尺度观测的能力，其观测范围有限，并且由于成本等多方面的原因，测高卫星的数量远远达不到时间尺度上的高重访率。

传统的水库水位监测一般是采用人工水尺测量，或是超声波测量。人工方法存在一定的局限性：不能实现连续观测，观测时空分辨率不高，特别是在暴雨汛期，观测受限且存在安全隐患。超声波及其他手段通常需要建立一整套监测系统，监测成本较高。国内许多库区和大坝都建立了 GNSS 形变监测系统，水库大坝变形监测 GNSS 观测系统的测站通常设置在大坝外观或临近水域的高边坡，这为利用 GNSS＋R 技术测量水库水面高度的变化提供了可能。

GNSS＋R 技术进行水面测高的方法主要有两种：一种是利用码伪距以及相位观测值进行水面高度测量；另一种是信噪比或相位组合观测值测高。利用 C/A 码测高首先需要通过计算直射信号的自相关峰值与反射信号的互相关峰值的时间差计算延迟路径，然后根据 GNSS 卫星、镜面反射点和接收机构成的几何关系计算垂直高度。将 GNSS＋R 技术与无人机或其他移动设备结合起来使用，可以丰富测量手段，提高测量工作效率和准确性。

5.2.7　水下地形数字测绘技术

水下地形数字测绘技术可以完成江河、湖泊、水库、海洋的水下断面测绘、地形测绘、三维地形扫描。在水文断面测量、江河湖泊容积计算、生态保护、规划及治理中发挥着重大作用。随着水上无人测量船、水下地形三维扫描技术的发展，水下地形数字化测绘技术逐步实现"高效、精确、全覆盖"作业模式。

随着监测能力提升，可为部分水文勘测单位配备无人测量船、多波束测深系统；为部分水文站配备单波束测深仪，实现水文监测中水下测绘的自动化、智能化，提高水下监测的精度，提高人员作业的安全性。

5.2.8　降水量自动监测

基本水文站尽量建设符合规范规定的地面降水量、水面蒸发观测场，已经符合规范要求的地面观测场不再重复建设，仅对设备进行更新改造；专用站可采用地面杆式及建筑物平台式。

降水观测设备配置主要选择翻斗式自记雨量计、虹吸式雨量计、融雪雨量计或称重式雨量计，以及远程测控终端（RTU）太阳能电池板、支架和蓄电池，并配套 GSM/GPRS 模块、重要站点配置卫星通信终端（北斗）及天馈线，实现雨量观测的实时在线及遥测远传。基本站地面观测场应配备翻斗式自记雨量计、虹吸式雨量计、融雪雨量计或称重式雨量计，同时配置两套数据传输设备。蒸发观测配置水面蒸发自动监测设备（E601 型水面自动蒸发器、20cm 口径自动蒸发器），使用 E601蒸发器人工定期校核。水面蒸发自动观测设备观测桶使用玻璃钢材质，在监测水面上方不得设置任何影响水面面积的装置，雨量观测精度要达到 0.1mm。水面蒸发自动监测使用 20cm 观测设备时需先期建立与 E601建立数值关系。

实现面雨量的自动监测，是水文科学研究与生产应用进一步发展的关键环节之一。高分辨区域面雨量自动监测系统是一套由低成本、低功耗、短程、X 波段雨量雷达和雨滴谱仪以及雨强反演组成的高时空分辨区域面降水量自动监测系统，重点解决目前单一天气雷达"测不准"和单一地面雨量计"测不到"的问题，为中小流域突发性洪水、城市洪涝以及小流域生态降水监测提供定量、及时的区域面雨量监测信息，进而为大江大河和城市群防洪提供更大范围的面降水监测信息。

5.2.9 水位在线监测

目前水位在线监测技术已经相当成熟，但是需要定期或不定期进行人工现场校测，随着视频监控技术的发展及广泛应用，视频图像识别水位在线监测技术已经发展起来，在经济发达地区已得到推广应用。视频图像识别水位在线监测系统不仅成本低，易于维护，而且测量精度高，可以实现远程水位校测，降低水位工作人员的劳动强度，还可以在发生洪水时通过4G 或 5G 网络远程查看测站水情，为防汛抢险部门做出决策提供科学依据。随着水文现代化建设的迫切需要，新建、改建站点均需全部实现自动在线监测，1 套设备不能满足全量程观测或多个断面监测可设置多套不同水位级、不同控制断面的水位监测设施设备，实现水位信息的自动采集与传输，已配置视频监控设备的站点增加图像法水位自动识别系统。水位信息传输一主一备双信道方式，重点站点配置北斗卫星传输信道。

5.2.10　流量在线监测

流量自动监测主要是通过监测断面上集点、线、面的流速，采用"流速面积法"计算断面流量。实现流量的全过程、全自动在线测验，重点加强低水测验能力，保证中高水测验精度，提高高洪流量测验时效。流量自动在线监测可以通过 ADCP 设备水体接触式、声学时差法设备岸边接触式实现；电波流速仪等设备空基、地基、天基非接触式自动在线监测；水位流量关系单值化在线推流；水位面积法在线推流；流速仪缆道远程自动监测及视频图像分析法在线推流等方式实现。在设备选择上，中、高水流量优先采用 ADCP（HADCP、VADCP）设备在线监测，利用现有桥梁或自建钢桁架测桥及简易缆索等设施安装雷达等表面流速测量设备，已有护砌或河道断面规整的测站可以使用超声波时差法测流，已有流速仪缆道的重要基本水文站可以配以远程遥控系统，实现缆道远程自动化监测。

低水尽量减少人工涉水测流，满足渠化条件的测流断面利用水力学法推流，或进行河道断面渠道化整治，建设低水测流堰槽，实现单值化在线推流；高洪测流或者洪水量级超过测站正常测洪能力范围时，优先选用非接触式水面测速新技术（电波流速仪、雷达波、侧扫雷达测流）等在线设备，实现流量在线监测，或者选择配置无人机测流。在已经布设光纤及视频监视系统的测站辅助使用视频图像解析测流手段。在特殊困难条件下通过建设比降上、下断面自记水位计，利用比降面积法实现在线推流。中小河流、跨行政区界等专用站应实现流量在线测验；基本站应充分考虑每种测验方法的适用性，因站施策，针对性、个性化选择流量自动监测方案。针对同时承担生态基流小流量监测和洪水监测任务的断面，研究（两种及以上）组合流量测验解决方案，如：监测基流可选择工程法测流，监测洪水可采用非接触式雷达测验技术及装备（图 5.2-7 和图 5.2-8）。

图 5.2-7　非接触雷达波流速仪

图 5.2-8 非接触侧扫雷达监测装置

其他符合在线监测条件的水文测站，对无法实现全年监测工作的情景，诸如北方的冰期测验、高含沙时段，研究组合式监测方式实现部分水位区间或部分时段在线监测。

随着计算机技术的发展，运用水动力学方法对所测河段流场分布进行分析研究，建立河段水动力学模型，进行数值模拟找到河流中不同点、不同线、不同面上的流速场分布，分析测流仪器探测区以外的流速分布，从而利用流速场和断面进行积分求得断面流量 Q，此方法是当前获取精确流量的研究热点，已有一些科研单位开展了此方面的研究，无疑若能保证流速场模拟的准确性和精度，此方法则可有效提高流量测验的精度，可避免通过点流速推断断面流速的随机性。

5.2.11 蒸发自动监测

水面自动蒸发器是近几年研制出的新仪器，可以实现自记和遥测。由于要保证蒸发桶内水面不能发生较大变化，自动蒸发器必须有向蒸发桶内补水的功能，还需要具有自动测量降水量或自动测量因降水引起蒸发桶内水位升高的功能，大力推广应用自动蒸发器是水面蒸发观测的发展趋势。

5.3 新技术在水文监测中的应用

5.3.1 北斗卫星导航系统在水文监测中的应用

北斗卫星导航系统（以下简称北斗系统）是中国着眼于国家安全和经济社会发展需要，自主建设、独立运行的卫星导航系统，是为全球用户提供全天候、全天时、高精度的定位、导航和授时服务的国家重要空间基础设施。

根据北斗导航卫星系统的特点及水文监测的具体需求，可综合利用北斗导航卫星系统的通信、定位和授时功能，为水情测报、水质监测、水资源水环境监测、防汛车辆调度指挥、救灾减灾等业务信息系统的构建和组网提供稳定可靠的传输信道和业务应用服务。

北斗系统的建设实践，实现了在区域快速形成服务能力，逐步扩展为全球服务的发展路径，丰富了世界卫星导航事业的发展模式。北斗系统与其他卫星导航系统相比高轨卫星更多，抗遮挡能力强，而且能提供多个频点的导航信号，具有实时导航、快速定位、精确授时、位置报告和短报文通信服务五大功能。北斗导航卫星系统的主要技术特点如下：

（1）系统工作在 L/S/C 频段，几乎不受雨衰引起的损耗和产生的噪声影响。

（2）数据在传输过程中自动纠检错，保证传输误码率优于 10^{-5}。

（3）系统可同时入站的用户信号数量很大，可以保证在很短的时间内，将野外测站发回的数据全部收齐，从而提高系统的时效性和并行处理能力。

（4）适合偏远山区及基础通信设施不发达地区的水文监测数据通信。系统用户终端外形小巧，连接简便，无需土建，为测站安装维护提供了极为有利的条件。另外，系统专用终端接收功耗为 5W，发射功耗为 100W 左右，在受控条件下每次发射时间为毫秒级，适用于各种工作环境恶劣的野外水文监测。

（5）北斗系统所提供的精确授时功能，可以为水文测站及中心站提供精确授时的同时，以保证整个测报系统的时钟同步。

在水文监测方面，成功应用于多山地域水文测报信息的实时传输，提高灾情预报的准确性，为制定防洪抗旱决策调度方案提供重要技术支撑；

在减灾救灾方面，基于北斗系统的导航、定位、短报文通信功能，提供实时救灾指挥调度、应急通信、灾情信息快速上报与共享服务，显著提高了灾害应急救援的快速反应能力和决策能力。

5.3.2 资源遥感卫星在水文监测中的应用

资源遥感卫星利用星上装载的多光谱遥感设备，获取地面物体辐射或反射的多种波段电磁波信息，然后把这些信息发送给地面站。由于每种物体在不同光谱频段下的反射不一样，地面站接收到卫星信号后，便根据所掌握的各类物质的波谱特性，对这些信息进行处理、判读，从而得到各类资源的特征、分布和状态等详细资料，免去了人们四处奔波，实地勘测的辛苦。

资源遥感卫星通过监测记录地表的电磁波特性，实现多用途对地遥感观测。通过提取资源遥感卫星获取的遥感影像信息，能够获得覆盖地表广大区域的水文要素空间分布信息。这些信息可用于区域降水监测、蒸散发估算、水质及水生态评估、土壤含水量（墒情）监测、水资源状态分析、流域水文及下垫面特征提取及流域水文模型参数确定等。

从卫星遥感影像中提取水文信息的技术研究及其应用，已经取得了丰硕的成果，特别是与 GIS（地理信息系统）相结合，提取各类流域水文要素及其空间分布的应用方面，已逐渐成为水文科学研究与生产应用的重要技术手段之一。如区域降水量时间分布估计，水体位置和边界确定，下垫面植被、土地利用、土壤、水热等要素及其分布估算，河流（水体）悬浮泥沙、叶绿素、有机物等要素及其分布等。2019 年 7 月 7 日巢湖蓝藻分布情况如图 5.3-1 所示。

图 5.3-1 2019 年 7 月 7 日巢湖蓝藻分布情况

随着大数据技术的应用，卫星遥感影像的应用模式将从定量化要素提取向影像光谱空间特征与地面复杂水文现象或水文要素关联分析方向发展。例如，将遥感影像光谱的空间演化特征与多要素水文时间序列关联，可对区域水文情势进行演化分析，并应用于中长期水文过程回顾与预测和短期水文预报。关联分析用于对随季节变化的沼泽地区蒸散发估计和融雪径流估算，水质参数及其分布估计等也比较有效。

5.3.3 无人机在水文监测中的应用

由于无人机低空遥感具有高机动性、高分辨率等特点，通过配置不同的传感器，能够很好地完成各类特定的水文监测任务。

5.3.3.1 洪涝灾害应急监测

在洪涝灾害发生时，利用无人机搭载全景视频相机、倾斜摄影航空测绘相机、无线数据传输模块和地面控制及数据处理中心，实时获取城市内涝场景的 SAR 影像和点云数据影像，通过城市洪涝场景的数字高程模型获取城市淹没范围、淹没深度及城市区域洪涝灾害程度的实际场景，供决策者及时准确的了解灾情，也可利用无人机快速从空中俯视洪涝受灾区的地形、地貌、水库、堤防险工险段等区域要素。遇到险情时，无人机可克服交通不利等因素，快速抵达受灾区域，并实时传递现场信息，监视险情发展，为减灾决策提供准确的信息。

事实上，无人机特别适用于水文突发事件的应急处置。例如，通过及时对洪涝受灾地区进行航拍，不但可以获得水域覆盖面积、水深分布、洪水演进过程等宝贵的水文信息，而且可为救灾人员提供宝贵的搜救信息，大大降低风险，提高效率。2004 年 7 月，利用无人机对暴雨引起的广西桂平市蒙圩镇洪涝灾害进行监测，第一时间得到了洪涝区、退水区、非洪涝区等信息的遥感监测图，创造了国内首次利用自控微型无人驾驶飞机对洪涝灾害进行遥感监测的记录。2008 年，四川汶川"5·12"大地震发生后，多种型号的无人机航空遥感系统迅速进入灾区，进行灾情调查、堰塞湖和滑坡动态监测、房屋道路损害情况评估、救灾效果评价、灾区恢复重建等方面，这也是无人机航空遥感系统第一次大规模应用于应急救灾，取得了出乎意料的成功。2012 年 6 月中旬，中国台湾北部地区遭暴雨袭击，行政部门利用无人机对因暴雨发生洪水的地区进行应急监测，并且把实时情况迅速传往救援队总部，为确定可能的受灾区域并采取应急措施提供了及时准确的决策信息。2020 年 9—10 月，青海省水文水资源测报中心开展了可可西里盐湖潜在溢出通道无人机航飞及与水系连通数据采集工作，采集数据不仅可以用于青海省可可西里盐湖外溢洪水灾害防控，而且对于高原典型河湖生态安全立体监测及预警具有重要意义。2020 年 7 月 20 日 8 点 31 分，淮河阜南王家坝开启闸门，向蒙洼蓄洪区分洪，安徽省水文局利用无人机搭载雷达流速仪实施流量应急监测，为王家坝闸开闸泄洪和蒙洼蓄洪区人员安全顺利转移提供了有力的数据支撑（图 5.3－2）。

图 5.3－2　王家坝闸前断面无人机测流系统测流并同步校核水位数据

5.3.3.2　区域水体监测

与传统监测手段相比，利用无人机进行区域水文要素及水环境等水文情势监测，具有快速、高效等特点，并且可以在人工或其他手段无法完成任务的条件下工作。例如，在传统的水库水体监测中，水文观测人员通过携带相机在大坝上对水位标志（尺）进行拍照来获得坝前水位信息，乘船对库区进行水文测验，对水质和水面漂浮物进行巡查等，耗时较长，利用无人机则可以快速对库水体进行全方面实时巡查监测。如 2007 年 5 月、6 月江苏无锡太湖水面蓝藻大面积暴发，严重污染了无锡自来水水源。为了对蓝藻蔓延情况进行全方位掌握，环保部门使用无人机对太湖敏感地区的一定区域范围进行连续空中拍照，取得了太湖无锡区域水面蓝藻暴发的宝贵资料，为整治太湖蓝藻提供了重要的参考信息。2020 年，珠江水利委员会水文局利用遥感宏观监测和无人机巡航监测相结合，对粤港澳大湾区重要饮用水水源地监督性监测，识别水源地疑似风险源，为监督管理提供有效的技术支撑。

5.3.3.3　常规水文信息监测

无人机遥感影像，本质上与卫星遥感影像相同。因此，用于卫星遥感影像的水文信息提取方法与技术，同样适用于无人机遥感影像。所不同的是，无人机遥感影像的空间分辨率更高，在提取水文要素方面具有明显的优势。特别是应用摄影测量学的理论、方法与算法，可以得到更为精确生动的水文现象描述特征，不但可以有效提取水文要素及其时空分布，而且可以更好地支持影像特征与水文要素的大数据多维复杂关联分析。

探索巡河新方式，采用无人机对河湖水质、河道通畅、河岸整齐、水面清洁、提防养护和水利设施等进行巡查管理，加强对河道的管理与保护，深入开展河道精细化管理，主动适应河道管理新常态，建设美丽河道。

5.3.4　基于物联网的水文监测系统

物联网是指通过射频识别（RFID）、红外感应器、全球定位系统、激光扫描器、气体感应器等信息传感设备，按约定的协议，把任何物品与互联网连接起来进行信息交换，以实现智能化识别、定位、跟踪、监控和管理的一种网络。

基于物联网技术的水文监测系统的硬件架构主要包括水文感知终端节点（水位计、水温计、溶解氧计等）、网关路由节点（中心网关、边缘网关）、远程中心监控节点等三个主要部分，每种节点完成不同的功能。基于物联网的水文监测系统拓扑示意如图 5.3 - 3 所示。

水文感知终端节点包含数据采集模块（传感器，主要指水位、水温、pH 值、溶解氧传感器等）、数据处理和控制模块（微处理器、存储器）、通信模块（无线收发器）和供电模块，主要设计要求是低功耗、高可靠性和具有自组网功能。由于终端节点体积小，电源容量非常有限，在设计中必须充分考虑节点的节能优化技术，提高单位节点的工作时间，节省节点的能耗以及采用合理的网络协议。

网关路由节点实现整个水文监测物联网区域子网段的自协调组网以及信息处理的功能。在基于物联网的水文监测网络中，网关路由节点负责初始化和动态配置子网；给子网中每个终端节点分配地址；定时给子网段节点发送查询命令；自动加入新的网络节点，同时更新路由表。

除具有自组网特点外，网关节点还负责第一步的信息分析及处理，并将处理后的数据存储到嵌入式数据库以备查询。网关节点通常个数有限，一般对功耗要求不严格，可以采用多种通信方式与其他网络节点进行通信（如 Internet、卫星或移动通信网络等）。在水文监测物联网系统中可采用星形拓扑设计，即在一个较大的水域范围内设置中心网关路由节点，用于支持边缘网关节点的水文数据包信号的中继转发。典型的控制与数据流程如下：

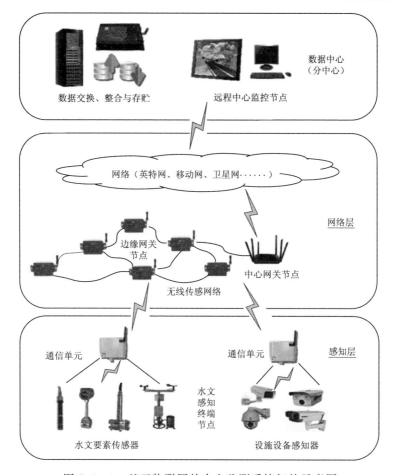

图 5.3-3 基于物联网的水文监测系统拓扑示意图

（1）远程的水文监测控制中心（数据中心）发出控制指令，通过网关节点，启动激活终端传感器节点进行水文要素监测。

（2）终端节点处理器收到指令后，由主处理器对命令进行解码。若节点地址与控制指令中的地址一致，则启动传感器进行水文要素采集，并将最终采集到的数据传送给节点处理器。节点主处理器收到测量数据后，再进行相关数据的分析、融合，并将水文数据打包成符合 6LoWPAN 协议标准的数据帧，加入包头、节点编号等信息后送到射频模块进行数据的发射，同时也可在该节点实现其他节点的路由转发。

（3）中心节点接收并汇聚各个终端节点数据，并发出相应控制指令完成本次操作。与传统的水文遥测系统相比，基于物联网的水文监测系统可以实现多种类型传感器（包括固定和移动）的动态组网，以适应如应急监测等非常规水文监测任务，并能够对水文监测设施设备实施在线监控与管理。因此，物联网的应用将全面提升水文监测系统的数据采集能力和站网管理水平。

5.4　小结

3S 技术在城市水文监测中发挥着重要作用，在提高监测效率的同时有效降低监测成本，扩展传统水文气象监测手段。采用无人机、雷达、卫星等平台和手段，实现城市降雨、水位、排水量等相关信息的自动采集。有效补充地面水文站网的单一格局，监测由点、面逐渐拓展到全空间，开始形成洪涝信息监测空天地一体化的立体监测格局。这些信息通过移动互联网实时传输给处理平台，在大数据、云计算以及空间信息技术的支持下高效完成海量监测数据的分析、预测、决策，同时数据的可视化和动态实时发布可提供有效的社会服务。

第6章　城市洪涝灾害预警及应急管理

城市中的暴雨作为一种在大规模人类聚集地的极端气候事件，严重影响城市安全。城市气候特性既受到区域大气候背景的影响，又受到城市化进程中人类活动所产生的影响。近年来，在我国城市中发生的短历时、高强度降水，经常致灾。暴雨是引发城市洪涝的主要致灾因子，局部暴雨成因复杂，主要受冷暖空气作用和大气环流变化影响。持续性、区域性暴雨和强对流天气导致的强降水都可以导致不同程度的城市暴雨洪涝。有效的定量降水预报能尽最大限度地减少区域性暴雨带来的经济损失和人员伤亡，因而提高定量降水预报的精细化程度和准确率，延长预报时效、做好气象灾害预警是应对区域性暴雨致灾的基础工作和重要手段。

6.1　城市暴雨洪涝特征

6.1.1　我国暴雨的主要特征

受印度洋和西太平洋夏季风的影响，我国大范围的雨季一般开始于夏季风的登陆（华南要早一些）而结束于夏季风的撤退，主要集中发生在5—8月汛期期间。降雨强度和变化与夏季风脉动密切相关。

暴雨强度大，极值高，暴雨持续时间长，暴雨区的范围大。与相同气候区中的其他国家相比，我国的暴雨强度很大，不同时间长度的暴雨极值都很高。华北、长江流域和华南暴雨都有明显的持续性，主要暴雨持续长度是2～7d。

6.1.2　我国暴雨洪涝灾害特征

中国大部地区均遭受过雨涝灾害，其中东北、华北东部、黄淮、江淮、江南、华南、西南地区东部等地年雨涝频率一般在5%以上，高雨涝频率主要位于江南和华南地区。其中福建、江西、浙江、广东、海南、安徽南部、湖北东部、湖南中南部、广西东部等地年雨涝频率在 30% 以上，部分地区在 50% 以上。

6.1.3　我国城市暴雨洪涝特征

当前我国城市几乎都是在江河湖海周围或依山傍水兴建，城市作为经济社会发展的中心，人口密集，一旦遭遇洪水，引发城市内涝，势必造成经济损失与人员伤亡威胁。更值得关注的是，城市洪涝灾害风险和损失已呈现出与城市发展同步增长的特点，伴随近些年城市人口急剧增加，城市范围不断扩大，城市受灾风险也随之增加，短历时的暴雨让城市更加脆弱，"城市看海"现象在我国许多城市频频上演。我国城市洪涝灾害主要发生特点如下：

（1）暴雨频发、时间集中、强度骤增。从发生频度和强度来看，受人类活动和城市"热岛效应"影响，城市及周围地区的温度分布和环流条件发生改变，突发性暴雨的频次显著增多，洪水量级也在增加。从近年我国发生的城市暴雨灾害事件来看，雨量级别动辄就是百年一遇，人员伤亡和财产损失也是屡超历史。从发生时间上来看，受大陆性季风活动的影响，我国降水多集中在春夏季 5—8 月，以 6 月最多，所以城市洪涝也就相应集中在这段时间。从灾害发生范围来看，长江流域是我国洪涝灾害最严重的地区。但受气候变化影响，近年暴雨洪涝发生范围逐渐扩大，已不局限于传统的洪涝灾害风险分布。如 2007 年我国的济南、重庆、北京、上海、广州、大连、郑州、西安等多个城市都遭受不同程度的暴雨袭击。2010年，连续几轮的强降雨，直接导致了长江、淮河、黄河、海河、辽河和松花江以及珠江等七大流域 12 个省几十个地市都不同程度地遭受洪涝灾害。7 月 21—22 日的暴雨过程雨量大、雨势强、范围广、影响重，北京、天津、河北中北部及山西北部均出现了大范围强降雨过程，其中北京及其周边地区遭遇 61 年来最强暴雨及洪涝灾害，有些"超乎想象"。2021 年 7 月下旬河南特大暴雨灾害造成郑州、洛阳、平顶山、安阳、鹤壁、焦作、三门峡、南阳、信阳、周口、驻马店和济源示范区等所辖 31 个县区 140 个乡镇 287713 人受灾，此次受灾范围广，灾害损失重，社会关注度高。2021年第 6 号台风"烟花"影响的暴雨洪水造成浙江、上海、江苏等 8 省（自治区、直辖市）40 市 230 个县（旗、市）482 万人受灾。

（2）城区沥涝汇流速度快、成灾突发性强。城市化建设造成渗水地面和植被大量减少，不透水面积逐年增大，导致大部分降雨形成地表径流，地面径流系数大汇流速度快，下渗少，雨水快速聚集，大大超越城市地下管网系统排水能力，容易形成内涝灾害。同时，因人口增长而加剧的供水需求矛盾也日益尖锐化，过渡采集地下水造成了城市地面严重沉降，给排水、地下管道等城市基础设施造成危害，导致排涝能力减弱，成灾风险进一步加大。

（3）次生灾害多、连发性强，损失重。城市大量高层建筑密集出现，地下交通、商业、仓库、停车场等设施增多，高度集中的基础设施关联度高、脆弱性和易损性大，城市对供水、供电、能源、通信等城市生命线系统的依赖性不断增大。同时，城市承载的灾害种类繁多，而可供转移和避灾的空间又狭小，一旦发生暴雨洪涝灾害，往往会产生灾情的连锁反应，发生一系列次生灾害，使灾害复杂化并且有可能扩大。如 2009 年 3 月 28 日广州遭遇暴雨，不仅使中心城区出现 54 处水浸，而且引发市区 4h 的交通瘫痪，多个社区发生水电中断，影响居民正常出行和生活（熊立，2019）。

6.2　城市化对产汇流过程的影响

城市化使得大片耕地和天然植被为街道、工厂和住宅等建筑物所代替，下垫面的滞水性、渗透性、热力状况均发生明显的变化，集水区内天然调蓄能力减弱，这些都促使市区及近郊的水文要素和水文过程发生相应的变化。

很多水文研究者采用水文实验模拟的方法证实了不透水面积对洪水过程的影响是比较显著的。试验了透水面积为 0、50% 及 100% 在相同降雨强度条件下流量过程线的变化。研究结果表明，随着透水面积的减少，涨洪段变陡，洪峰滞时缩短，退水段历时亦有所减少。

为了消除降水过程及气象条件的差异，一般不直接对比流量过程线，而是比对单位净雨形成的单位过程线，分析城市化改变流域汇流条件对洪水的影响。很多学者研究后得出，在城市化进程中的地区，其单位线的变化为：城市化后单位线的洪峰流量等于城市化前的 3 倍，涨峰历时缩短 1/3；暴雨径流的洪峰洪量预见期可达未开发流域的 2～4 倍，取决于河道整治情况、不透水面积的大小、河道植被以及排水设施等。

（1）城市化增加了地表暴雨洪水的径流量。城市化的结果使地面变成了不透水表面，如路面、露天停车场及屋顶，而这些不透水表面阻止了雨水或融雪渗入地下，降水损失水量减少，径流系数显著提高。径流系数与不透水面积比例关系如图 6.2 - 1 所示，即不透水面积比与径流深和径流系数呈明显的正相关关系。如南京秦淮河流域，城市化率从 4.2% 增加到 7.5% 和 13.2% 的情况下，流域的多年平均径流深和径流系数分别增加 5.6% 和 12.3%。

（2）城市化使流域地表汇流呈现坡面和管道相结合的汇流特点，降低了流域的阻尼作用，汇流速度将大大加快。水流在地表的汇流历时和滞后时间大大缩短，集流速度明显增大，城市及其下游的洪水过程线变高、变尖、变瘦，洪峰出现时刻提前，城市地表径流量大为增加，如图 6.2 - 2 所示。美国丹佛市的观测表明，2h 的 43mm 降雨，在草坪、沙土和黏土地带，径流系数（产流/降雨量）为 0.1~0.25，铺路地带则为 0.90（David et al.，2002）。

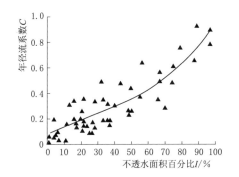

图 6.2 - 1　径流系数-不透水面积
百分比（张建云，2012）

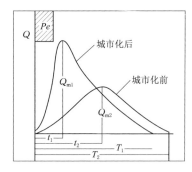

图 6.2 - 2　城市化对水文过程的影响
（张建云，2012）

（3）城市化将增加城市及其下游的防洪和排涝压力。我国 660 多座城市中，绝大多数坐落在江河湖海之滨，其中有防洪任务的占 93%，而目前达到规定防洪标准的城市只占约 33%。我国城市排涝标准普遍较低，一般不足 3~5 年一遇。近年来，突发性暴雨频繁，由于城市发展，城市内涝灾害日趋严重。城市地区的洪水问题主要包括以下几个方面：

1）城市本身暴雨引起的洪水。由于城市的不断扩张，这一问题会变得愈加突出，这是城市排水面临的主要问题。

2）城市上游洪水对城区的威胁。这可能来自城市上游江河洪水泛滥、山区洪水、上游区域排水或水库下泄。解决这类问题属城市防洪范畴。

3）城市本身洪水下泄造成的下游地区洪水问题。由于城区不透水面积增加、排水系统管网化、河道治理等使得城市下泄洪峰成数倍至十几倍增长，对下游洪水威胁是逐年增加的，构成了城市下游地区的防洪问题。

城市暴雨洪涝基本能够实现提前预报，但是在时间和空间上精度仍有待提高，市政及水务管理部门能够结合城市内涝实际情况，启动相应的应急响应，并能够做到及时反馈灾损情况，同等级暴雨强度下，内涝点有所减少，应急管理能力明显提升，灾害损失有所降低。

6.3 城市暴雨预报预警技术

一方面，城市暴雨受大尺度天气气候系统影响，而我国在区域性、持续性强降水的定量预报方面还有待于提高；另一方面，城市暴雨过程由于突发性、随机性、局地性以及直接引发暴雨中小尺度天气系统的复杂性等特点，使得对局地暴雨进行定时、定点和定量精准预报，城市短历时、强降雨定量预报的精细化及准确率与实用需求仍有差距。中国国家气象局强对流天气重点创新团队在强对流天气监测预警预报方面取得了显著的成果。

6.3.1 持续性强降水的预报预警技术

区域性暴雨影响范围广、致灾严重，快速的城镇化使得城市地表不透水面迅速增加，植被和水域面积不断萎缩，降雨的产流量增加，洪峰时间提前流量变大，造成的经济损失增大，对暴雨洪涝灾害预警预报提出更高的要求。

我国已建立以多种观测资料和数值天气预报为基础的数值模式释用、集合概率预报等客观预报技术，并逐步形成向定量降水预报格点化、概率化、精细化方向迈进的业务格局。在中短期定量降水预报方面，中央气象台每天发布未来 24h 内逐 6h 和 72h 内逐 24h 的定量降水预报和中期 4~7d 的逐日降水预报。

美国国家天气预报中心已发布分辨率为 2.5km，1~3d 内的逐 6h 预报、4~5d 累积降水预报的格点化产品，并同时提供丰富的集合预报概率定量降水预报产品，在技术支撑、产品的质量和多样性上都明显领先于我国。我国从技术支撑到预报准确率上都与美国有明显的差距，需要通过加大定量降水预报相关技术的研发和完善，并不断完善和引进国外先进技术，进一步提高区域性暴雨预报准确率。

6.3.2 强对流天气监测预报预警

强对流天气预报业务包括监测、分析、预报、预警和检验等方面。对流初生识别、对流系统强度识别和对流天气识别等监测技术取得新进展，综合多源资料的监测技术已应用于我国中央气象台业务。对流系统的触发、发展和维持机制等获得了新认识，我国不同类型强对流天气及其环境条件统计气候特征、分析规范及相应业务产品等为预报提供了必要基础和技术支撑。光流法、多尺度追踪技术以及应用模糊逻辑方法的临近预报技术等有明显进展；融合短时预报技术得到了广泛应用，对流可分辨高分辨率数值（集合）预报及其后处理产品预报试验取得了显著成效；基于数值（集合）预报和模糊逻辑方法的分类强对流天气短期预报技术为业务预报提供了技术支撑。强对流天气综合监测和多尺度自适应临近预报技术、多尺度分析技术融合短时预报技术、发展并应用模糊逻辑等方法的、基于高分辨率数值（集合）模式的区分不同强度等级和极端性的分类强对流天气精细化（概率）预报技术等是未来发展的主要方向。

6.3.2.1 临近预报技术

临近预报技术主要包括雷暴识别追踪和外推预报技术、数值预报技术以及以分析观测资料为主的概念模型预报技术等。识别追踪和外推预报技术主要以雷达资料为基础，交叉相关外推和回波特征追踪识别外推是比较成熟的技术，已经用于许多临近预报业务系统中，其缺陷是预报时效较短，准确率也不是很高。随着精细数值天气预报技术和计算机技术的发展，利用多普勒天气雷达资料和其他中小尺度观测资料进行数值模式初始化，来预报雷暴的发生、发展和消亡已经成为一个研究的热点，该技术发展很快。概念模型预报技术主要是通过综合分析多种中小尺度观测资料，包括雷达和气象卫星资料等，在此基础上建立雷暴发生、发展和消亡的概念模型，特别是边界层辐合线和强对流的密切关系等，再结合数值模式分析预报和其他外推技术的结果，然后建立雷暴临近预报的专家系统，不但可以获取雷暴和对流降水移动、发展的信息，还可以预报它们的生成和消亡。检验和定性评估也表明，将多种资料和技术集于一体的概念模型专家系统，其临近预报的准确率最高，时效也最长，是临近预报技术未来发展的主要趋势之一。NCAR 的 Auto-Nowcaster 系统是雷暴临近预报概念模型专家系统的一个典型代表。

临近预报方法主要有外推预报、概念模型预报、数值模式预报等。在外推预报中，交叉相关和回波特征追踪是比较成熟的算法，已经用于许多的临近预报系统中，但预报时效较短，且预报雷暴发生和消亡的能力较差。利用数值模式临近预报雷暴是一个新兴的方法，发展很快且取得了很多成果，但还不成熟。检验和定性评估表明，概念模型专家系统临近预报雷暴的准确率最高，不但可以预报雷暴的发展演变，还可以预报雷暴的生成和消亡。集外推、统计、雷达反演、概念模型、边界层辐合线的识别和预报、数值模式、雷达和卫星等资料的同化以及预报员经验为一体的专家系统，无疑是临近预报技术发展的主要趋势之一。

6.3.2.2 短时预报技术

短时预报一般是 $0 \sim 12h$ 的天气预报，临近预报则是 $0 \sim 3h$ 的天气预报。广义上短时预报的对象是所有与大气运动状态有关的天气现象如雷暴、暴雨（雪）、大风、龙卷、冰雹及其大气要素如温度、气压、湿度等以及产生的中尺度天气系统如中气旋、中尺度辐合线、阵风锋、飑线等。短时预报水平决定于研究者对预报区域内各种尺度天气系统的演变及其相互作用的认识和预测能力。

客观降水短时预报技术的主要思路是将外推预报和高分辨率数值预报结果相融合（俞小鼎等，2012）：$1 \sim 3h$ 预报需要融合雷达外推和数值预报，$3 \sim 6h$ 预报以数值预报为主（俞小鼎等，2012），而 $6 \sim 12h$ 几乎完全依赖数值预报或者利用统计等后处理手段对其订正和释用。英国的 NIM-ROD（Nowcasting and Initialization for Modeling Using Regional Observation Data System）系统（Golding，1998）是最先应用融合预报技术的短时临近预报系统。

虽然可以通过外推预报与数值预报相融合的预报技术来进行定量降水和对流风暴的短时（概率）预报，但是目前还没有直接针对冰雹、龙卷、雷暴大风等天气的融合短时预报技术，这类天气的短时预报主要依赖高分辨率数值预报资料的对流天气环境条件分析以及基于中小尺度机理的客观预报产品，也就是依赖"对流可分辨"高分辨率数值模式（包括集合预报系统）产品后处理。

6.3.2.3 短期预报技术

强对流天气的短期预报主要从其发生发展机理和所依赖的环境条件出发，根据不同的诊断物理量对不同类型强对流天气的指示意义，来进行分类强对流天气预报。基于集合数值预报的强对流短期（概率）预报技术是当前预报技术的重要发展方向。美国 SPC 经历了十几年的发展已经建立了

比较完整的基于多尺度数值集合预报的强对流分类预报产品体系。美国
NCEP 的全球集合预报系统 GEFS（Global Ensemble Forecast System）主
要为 SPC 3～8d 的对流天气预报提供数值预报依据（Bright et al.，2008）。
美国 NCEP 短期集合预报系统 SREF（Short Range Ensemble Forecast）
是支持 SPC 强对流短期预报业务的最重要模式，共有 21 个成员，水平分
辨率为 16km；其产品主要有各种强对流指数的联合概率和各种分类强对
流指数的阈值概率产品，如雷暴指数 CPTP、冰雹指数 SHIP 等。此外，
美国 SPC 也利用快速更新同化系统（RUC）发展了"时间滞后"（Time-
lagged）快速更新集合预报系统（RREF），使用不同起报时间的数值预报
来构建集合预报产品，提供每小时更新同化一次的概率预报产品，以更好
满足航空气象和中尺度气象用户的需求（Bright et al.，2008）。

6.3.3　城市洪涝预报关键技术

精确地降雨预报是突发性洪水预报的关键因素，是城市暴雨洪水预报
预警的重要前提。目前，城市内涝监测预警包括：基于雨量监测的预警，
基于水位监测的预警，基于实景监测的预警，基于雷达定量降水监测的预
警；城市内涝临近预警根据 1h 面雨量及临近预报的雨量，或者根据逐小
时定量降水观测（QPE）和预报（QPF）产品与内涝临界雨量对比，发布
预警信息；城市内涝短时和短期预警基于短时（2～6h）、短期（12h、
24h）精细化定量降水预报（QPF）产品与内涝临界雨量对比，发布预警
信息。

城市内涝监测预警建设的关键技术包括建设和完善城市内涝监测预警
技术，加强城市内涝的数值模拟能力，建立城市内涝综合信息管理平台，
以及发展城市内涝应急处置平台和完善应急管理机制等方面发展城市内涝
监测预警。

6.3.3.1　城市内涝监测预警技术

（1）基于雨量监测的预警。雨量监测以区域气象自动站网为主，水务
系统建设的雨量站为辅，加密区域自动气象站建设，使站点密度平均达到
3km 间距。当某指标站累计雨量（或面雨量）达到某内涝等级时，便可以
发布该易涝点该等级的内涝预警。

（2）基于水位监测的预警。水位监测包括区域内水体的水位监测和地
表积水的水位监测。加强与水务、水利部门的水文站网的资料共享，在城
市内涝易发区、重点街区、重要交通枢纽、立交桥下、机场、港口、码

头、车站、学校等重要场所建立城市内涝水位自动监测站，实时监测内涝积水深度和河道（河涌）水位，当某水位站的水位达到某内涝等级时，便可以发布该内涝点该等级的内涝预警。

（3）基于实景监测的预警。随着视频监测技术的发展，通过网络可实时获取高清的监控视频，开展城市内涝实时监测成为城市内涝监测的重要手段。结合城市内涝隐患点的信息，建设城市内涝实景监测系统，同时在易涝点建立醒目的水浸深度标尺，开发自动识别水深的软件，实现城市内涝灾害信息的快速收集和传播，用于对城市内涝点的监控，当某实景监测的水深达到某内涝等级时，便可以发布该内涝点相应等级的内涝预警。实景监测还可以为排水防涝决策提供重要依据，也可以最快速地检验城市内涝风险预警服务的结果。

（4）基于雷达定量降水监测的预警。高时空分辨率的雷达定量降水估测（QPE）融合雷达以及地面自动站加密观测等多源数据，推算降水强度和降水量。具有能够大面积遥测的优点，弥补了站点布设不足的缺陷，对内涝监测、发布内涝警报起重要指导作用。现阶段业务上可应用1km空间分辨率滚动6min逐小时雷达定量降水估测产品。

6.3.3.2 城市内涝临近预警

调取各易涝区（点）城市自动雨量站实时观测记录或雷达定量估测降水，逐6min滚动计算各易涝区（点）1h面雨量，并自动与临近预报的雨量相加，自动累积计算至与临界雨量时效对应的降雨量，并与内涝临界雨量比较，当达到某易涝点某等级内涝临界雨量时可以发布该易涝点该等级的内涝预警；或者将逐小时的精细化定量降水观测（QPE）和预报（QPF）产品输入城市积涝淹没模型或城市水文水动力模型，得到发生内涝的地点、水深及淹没面积，根据淹没深度，发布城市各内涝点内涝等级临近预警。

6.3.3.3 城市内涝短时和短期预警

基于短时（2～6h）、短期（12h、24h）精细化定量降水预报（QPF）产品，根据预报的雨型，内插出1h预报雨量，并自动累积计算至与临界雨量时效对应的降雨量，然后与内涝临界雨量比较，当达到某易涝点某等级内涝临界雨量时可以发布该易涝点该等级的内涝预警；或者将逐小时的精细化定量降水预报（QPF）产品输入城市积涝淹没模型或城市水文水动力模型，得到发生内涝的地点、水深及淹没面积，根据淹没深度，发布城市各内涝点内涝等级短时或短期预警。

城市暴雨洪涝监测与预测预警技术方法研究是城市雨洪模拟的关键，也是城市水文学研究的主要难题之一。需要探讨城市水文站网布设与城市排水系统监测网络的规划设计，实现城市暴雨洪水过程全方位多角度监测，并开展多源信息技术集合应用和临近降雨定量预报研究；强化城市雨洪模拟技术和模型方案的系统研究，基于下垫面条件集合水文学和水动力学方法，结合一维和二维模型，基于理论分析、试验研究和数值模拟技术建立能够模拟城市地区水循环规律和下垫面变化条件下的产汇流特征以及城市管网水流运动规律的城市雨洪模型，实现地表-地下水耦合以及地面汇流与管网汇流的耦合演进；并系统开展缺资料或无资料信息条件下的城市雨洪模型参数优化与不确定性评估，形成城市雨洪模型集合预报方案，减小模型预测结果的不确定性，提高预报精度及可靠性；融合地面观测、气象雷达、遥感卫星、地形地貌、排水管网及城市发展等多源信息，基于 GIS 的空间分析和可视化模块，构建城市暴雨洪水监测与预测预警综合系统，为城市防洪减灾和应急应对提供决策依据。

6.4　我国城市洪涝应急管理

多年来，我国城市洪涝灾害频发，造成了重大的经济损失，引起了广泛的社会关注，如何有效避免和减轻城市洪涝造成的人员伤亡、经济损失和社会影响是我国灾害防治面临的一项重要任务。加强应急管理、提高应对能力是城市洪涝防治的关键。我国有防洪任务的城市已经建立了一套针对本区域洪涝灾害的应急管理体系，在洪涝灾害防御实践中发挥了重要作用。但各城市洪涝应急管理的建设水平参差不齐，部分城市在某些方面仍有不足，涵盖了应急管理的体制、机制、监测预警、预案编制、现场应对等各个方面，也需加强法规和科技支撑等保障体系（张念强等，2020）。

6.4.1　我国城市洪涝应急管理现状

6.4.1.1　应急管理体制

我国实施统一领导、综合协调、分类管理、分级负责、属地管理的应急管理体制。在城市洪涝应急中体现为行政首长负责制，市级政府对下级和所辖部门的绝对领导，市级防汛指挥机构负责防汛应急的协调，各城市发生洪涝后，首先由当地政府处理，当事态严重至当地方政府不能应对时，上级政府介入。2018 年我国实施政府机构改革，组建应急管理部，实施灾害综合应急管理。机构改革后全国城市洪涝应急管理的基本原则并未改变，但各地经过近两年调整，在不同省（直辖市）出现了水利、应急两部门共管，以水利或应急为主等多种管理模式，由于洪涝应急管理涉及的部门较多，加快部门间信息共享及协调是开展应急决策的重要任务。如在基础和技术支撑方面，除应急专业知识外，雨、水、工、灾情等基础信息在城市洪涝应急管理中不可或缺，厘清应急管理部门与气象、水利、城建等部门的权责、支撑关系，将使城市洪涝应急的协调联动更为顺畅。

6.4.1.2　应急管理机制

公共管理学界影响力较大的应急管理模型 PPRR（prevention，preparation，response，recovery）模型将灾害暴发前后需要开展的工作分为四个阶段：①灾前预防（prevention）。对城市内的政治、社会、经济、自然等条件进行评估，找出可能致灾的诱因，尽可能提早解决。②灾前准备（preparation）。制订应急计划，设想灾害可能暴发的方式、规模，准备多套应急预案；建立指标体系，通过预警机制加强监管。③灾害应对（response）。对灾害做出适时应对，应急管理系统要在困难的情况下为决策者提供及时、准确、必要的信息，从而为迅速控制灾害创造条件。④灾后恢复（recovery）。灾害过后推进恢复与重建，总结经验教训，避免重蹈覆辙（赵璞等，2015）。

（1）灾前预防。在城市洪涝灾害暴发之前，从工程措施和非工程措施两方面查缺补漏，消除致灾诱因，将灾害发生的可能性和危害性降到最低。工程措施方面，主要是加强堤防、水库、水闸等防洪工程设施建设，整治疏浚河道，提高防洪标准；非工程措施方面，主要涉及洪水风险意识普及。洪水风险意识不足，一方面会导致对河流周边、洪泛区的无序开发；另一方面会导致人们忽视避难预警，危及生命安全。

我国主要城市已基本建成了城市外围江河堤防、城市主干河道、城市排水管网相结合的多层次防护体系；根据 2016 年年底的统计，全国重点和重要防洪城市的防洪标准达标率超过 30%。但在综合防洪排涝方面，则存在排涝标准偏低，排涝与防洪和排水的建设标准不衔接，排水系统设计缺陷、配套设施滞后以及排水河道、管网等设施的管理不足问题。按照水利部全面推动水利工作高质量发展目标，近些年我国城市洪涝应急灾前预防的主要任务是针对全国有防洪任务的城市优化防洪工程布局，综合提高城市防洪排涝标准，同时加强对已有工程体系的监管，制定和优化区域防洪排涝调度方案，减轻洪涝灾害对城市的影响。

（2）灾前准备。实时的监测和及时的预报、预警是城市洪涝灾害应急取得先机的基本保障，需要涵盖整个洪涝灾害和应急管理过程。目前，我国大部分城市基本形成了对城市气象、水文、重要水利工程的实时监测和监视系统，建立了集分析、决策于一体的城市防洪支撑平台，并综合利用电视、无线广播、网络、手机短信等多种方式发布预警。但基于城市特殊的下垫面和洪涝灾害特点，我国城市洪涝信息监测还存在着防洪排涝基础数据不完备、监测站点布控不到位、信息采集面窄的问题；预测、预报时效性和准确率也有待提高，中长期洪水预报尚不能完全用于应急管理实践。

为完善城市洪涝应急监测、预警系统，我国大部分城市正在加强对城市易涝点、易积水点等监测预警信息的采集，在重点区域配置图像、视频监测。通过补充建设监测设施、数据共享、广泛吸收和鼓励普通市民报送数据等多渠道增加信息来源。在预警方面，细化区域预警等级，确定预警指标阈值，形成完善的预警指标体系和分级阈值。加强和重视洪水预报、动态洪水风险分析等系统的建设，及时确定城市风险分布，以发布时效性更强、更精准的洪涝预警信息，为市民规避风险、应急部门抢险救援等提供更有力支撑。

（3）灾害应对。城市洪涝灾害发生后的应对，主要是及时启动应急预案，各部门分工协作收集有效信息、开展救灾行动、发布灾害相关信息等几个环节。洪涝灾害一旦发生，应按照灾害规模及时启动相应级别的应急预案，建立临时指挥机构。专业人员负责收集灾害数据、处理有效信息，提供决策支持；指挥机构负责权衡利弊，分配任务，各部门分工协作，开展救灾行动，遏制灾情恶化；政府掌握灾情信息发布的主导权，负责及时科学发布信息，避免引发公众不满和社会恐慌，安抚公众情绪，使社会力量有效参与到抗灾减灾之中。

（4）灾后恢复。城市洪涝灾害平息之后，应急管理并未结束。灾害过后，城市最大的问题是如何恢复经济和社会活力。快速评估灾区基础设施损失程度、制定设施重建方案、多部门协调配合，保障灾区在尽可能短的时间内完成重建工作，并在重建的同时保障受灾群众恢复正常生活。

6.4.1.3　应急管理预案

我国对城市防洪应急预案的编制非常重视。1999 年，国家防总办公室印发了《城市防洪应急预案大纲》，并于 2006 年对其修订，要求有防洪任务的城市编制预案；2015 年，国家防汛抗旱总指挥部印发《城市防洪应急预案管理办法》，对全国城市防洪应急预案的管理工作予以明确规定；2017 年，国家防办组织编制的《城市防洪应急预案编制导则》（SL 754—2017）颁布实施，用于指导各建城区的应急预案编制（《国家防汛抗旱应急预案》于 2022 年 5 月 30 日颁布实施）。截至 2012 年，全国已超过 95％的城市完成了防洪应急预案编制（王翔等，2014）。部分重点城市形成了较为完善的预案体系，如北京市除编制市级防汛应急预案外，还针对重点河道、大中型水库编制洪水调度方案、防御洪水方案和防洪抢险预案，在首都机场、城市道路、立交桥等实现了"一桥一预案"，还编制了交通等其他部门的预案。但从全国范围看，我国城市防洪应急预案还存在着体系不完善、更新慢、操作性不强等问题。

进一步完善城市防洪应急预案体系仍是我国城市防洪应急管理的主要工作之一。体系上需要涵盖城市洪涝应急管理的各行业、各部门重点关注的对象，预案类型上做到以综合预案为导引，专题预案和专项预案为补充的完善体系（国家防汛抗旱总指挥部，2015）。编制城市洪涝灾害应急响应预案，建立应急响应机制，明确应急处置的组织机构和职责分工，落实突发汛情、涝情预报预警机制并及时向公众发布，划定不同洪水量级和降雨强度下的响应级别和对应措施。对已编制的预案及时更新，以风险分析和区划分级为指引，增加预案的适用性；在预案中明确各级各部门在灾害事前、事发、事中和事后不同阶段的责任和义务，增强预案的可操作性。

6.4.1.4 应急管理法规和保障体系

法规制度是应急管理有效实施的重要基础保障。国外不同国家各制定了相关的法律，我国在全国层面制定有《中华人民共和国突发事件应对法》《中华人民共和国水法》《中华人民共和国防洪法》《中华人民共和国防汛条例》等单一法律在洪水应急管理中有较多涉及。另外，我国各地还制定了涉及应急管理的地方性法规和规章，如上海市、南昌市均出台了防汛、防洪条例。目前，我国城市洪涝应急管理已基本形成了综合性基本法、单一法，国家法规和地方法规相结合的法律体系，使得城市洪涝应急管理工作基本有法可依。但部分地方还存在执法不严的现象，如许多城市在发展建设中挤占河湖水面搞房地产开发的现象依然普遍存在，因此，加强有法必依也是推行应急管理法规制度的关键环节。

我国应急管理保障体系主要包括人力、物力、交通运输、医疗卫生及通信保障等，一方面用于保证应急救援工作的开展，另一方面保障灾区群众的生活。各城市基本建立了包括物资、资金、信息技术保障体系等在内的硬性资源和法律法规、预案、人力、政策制度保障体系等软性资源，为城市洪涝应急管理提供保障。但受资源、人力配置不均等因素的影响，已建立的保障体系在部分城市存在着应急专业人才薄弱，抢险队伍流动性大，基层物资仓库建设以及抢险物资储备缺口较大，难以满足重大、极端灾害抢险救灾任务等问题。在完善城市洪涝应急保障体系中，扩充和保证队伍的稳定是关键，实施引进专业技术人才和本地队伍、志愿者队伍建设两手抓的政策，提高应急后勤保障，落实防汛应急、值班值守等人员补贴补助等。在防汛抢险物资供应上，改善城市防汛应急物资的仓储条件，确保应急物资充足有效，增加对防汛抢险卫星通信等非常规物资的配置，以应对极端洪涝灾害事件；加强跨部门、跨地区、跨行业的应急物资协调保障，建立高效的共享调运机制；推进应急管理平台建设，提高应急管理保障科技水平（张念强等，2020）。

6.4.2　我国城市洪涝应急管理存在的主要问题

我国洪涝灾害应急管理存在的主要问题可归纳为：应急管理体制机制仍不健全，灾害预测预报预警能力不足，预警信息传递不畅，应急预案体系尚不完善，应急保障能力不足，避险宣传教育滞后。

（1）应急管理体制机制仍不健全。近年来，一些地市成立了城市防汛抗旱指挥部，协调指挥全市防洪减灾工作，但这些城市同时设立城市防洪指挥部，存在城区防洪工作多头管理的现象。防汛机构尚未延伸至基层组织，城市街道、社区和企事业单位等基层防汛机构存在人员和设施不足、岗位和职责不清等情况。城市防洪应急管理涉及水利、交通、电力、气象、城建、园林、市政、城管等多个部门，部分工作交叉重合，以上这些情况都容易导致城市防洪应急管理中出现职责交叉、衔接不顺甚至管理缺位。

（2）应急监测能力不足。近几年，流域和地方水文部门应急监测能力得到提升，在发生超标洪水和突发事件时，相关水文单位能够迅速响应，及时派出应急监测队伍，全力做好应急测报工作。但有些基层应急监测设备配备不足。基层水文勘测队或监测中心配备的走航式 ADCP、手持式电波流速仪、水文多参数应急监测装备、遥控船等常规应急监测设备数量不足，不能满足发生流域性大洪水时多点同时开展水文应急监测的需要。如2023 年海河流域性大洪水期间，北京、河北走航式 ADCP 全部投入应急监测，期间出现多起因使用频度过高、含沙量过大等原因，导致设备出现故障且无备份，影响应急监测工作快速高效开展。另外，水文巡测车严重缺乏。海委水文局承担"2023·7"应急监测任务使用的巡测车辆均为社会租赁车辆，难以保证在恶劣环境下正常开展应急监测和安全生产的要求。

（3）灾害预测预报预警能力不足。近年，受全球气候变化、大规模城镇化运动以及"热岛效应"的影响，我国城市发生突发性灾害天气的频次显著增多。短历时局部强降雨致灾性很高，但其预测预报难度较大，给城市防洪带来很大挑战。许多城市水文、气象站网还不能及时准确地预报降雨强度和范围。城市范围不断扩大，大量地面硬化减少了渗水地面和植被，降雨大部分形成地表径流，改变了城市洪水形态。且城市地面大多比较平顺，雨后汇流快，雨水快速聚集，使得城市洪涝灾害预警更加困难。市政设施积水监测站点覆盖不全，难以及时掌握城市洪涝发生、发展状况，不利于及时发布预警信息。

（4）预警信息传递不畅。灾害预警信息发布是防灾避灾的前提和基础，但在实际操作中，往往会碰到预警信息审批时间长、发送不畅、发送速度慢等问题。从已发生内涝的城市来看，不少市民仍然没有及时甚至是没有接收到政府部门的预警信息，其中一个重要的原因是手机短信未建立有效的发布平台或受到发布速率问题的制约，很难在短时间内向全体市民发出预警信息。另外，灾害发生后，在恶劣天气影响下，网络、广播、电视、手机等信息中断，市民不能及时得到相关信息，无法及时开展自救。

（5）应急预案体系尚不完善。目前有防洪任务的城市大都只编制了应对江河洪水的城市防洪预案，缺乏城市内涝积水、山洪泥石流、交通瘫痪、地下设施雨水倒灌、供水供电中断等次生灾害的应急预案。同时，城市建设不断向空中、地下发展，出现了大量高层建筑和地下设施，高度集中的供水、供电、能源、通信系统增加了城市的脆弱性，一旦发生洪涝灾害，往往会发生水电中断、交通瘫痪等一系列次生灾害，缺乏应对这些次生灾害的应急预案，会导致灾害来临时无法及时采取措施，防灾减灾工作难以有效进行。

（6）应急保障能力不足。应急保障是有效开展减灾抢险救援的基础支撑。一些城市缺乏对灾时抢险和平时战备的应急保障要求，尤其是一些北方城市，多年未经历过暴雨洪水考验，防灾减灾意识薄弱，应急抢险队伍、防洪抢险设施和物资储备都有待加强。部分城市防洪应急预案中对通信、信息、供电、运输、物资设备、抢险队伍等的保障措施不够明确，抢险人员和队伍缺乏技术培训和应急演练，严重影响在灾害发生后第一时间进行应急处置。

（7）避险宣传教育滞后。近年，城市暴雨洪涝灾害凸显出城市防灾教育宣传不足，城市居民普遍缺乏防洪减灾意识。特别是城市外来务工、出差、旅游、临时来访等人员，往往成为宣传教育死角，其防灾避险意识和知识更加缺乏，易造成不必要的人员伤亡。2013 年第 19 号强台风"天兔"袭击广东，在防御台风过程中，有 14 名群众因顶风外出，被倾倒树木、电线、高空坠物等砸中导致死亡，暴露出公众面对灾害时避险意识和自救知识的严重匮乏，应急处理能力亟待提高，防灾减灾知识宣传教育工作需要进一步加强。

6.4.3　我国城市洪涝应急管理发展趋势

（1）快速城镇化和城市公共安全对洪涝应急管理的需求分析。改革开放以来，我国步入快速城镇化阶段，城镇人口和经济规模显著增加，建城区范围不断扩张，尤以珠江三角洲、长江三角洲及环渤海区最为典型。据统计，1979 年全国平均城镇化率仅 19.7%，到 2013 年年末，全国平均城镇化率已达到 53.7%。城镇化过程在使人口和生产要素高度集中和流动的同时，城市应对突发性洪涝灾害的敏感性和脆弱性日益突出，客观上需要区域各级政府和社会组织在应对洪涝灾害时相互协调和联动，充分发挥政府对社会资源的主观能动性，及时有效地应对城市洪涝灾害。城市洪涝应急管理系统为政府部门间协调联动以及及时有效应对洪涝灾害提供重要技术、决策支撑。

城市扩张是我国推进城镇化的主体形态，也是经济社会发展的主要载体，城市公共安全在城市快速扩张过程中逐渐凸显其重要性，它在很大程度上影响着国家的繁荣和稳定。近年来极端降雨造成的城市内涝频繁发生，给城市社会经济健康快速发展带来巨大影响，人民生命财产安全受到巨大威胁，城市防洪除涝面临前所未有的新挑战，严重制约城市可持续健康发展，威胁城市公共安全。洪涝应急决策体系作为城市公共安全管理重要环节，在城市发生极端降雨时能够进行及时的监测及预警预报，造成内涝时能够及时的感知到内涝点位置及内涝情况，迅速做出应急响应并开展内涝点的交通疏导和受灾群众的紧急转移等行动，灾后能够迅速恢复生产生活。

（2）我国城市洪涝应急管理应对。当前对内涝应急处置和救援缺乏信息平台支撑，需要充分融合通信、视频、地理信息，实现与应急平台的互联互通，建立一体化的信息平台和管理机制，形成数字化的应急预案和现场指挥体系，构建适应我国城市的洪涝应急管理系统，为城市应急救援提供强有力的支持。

城市洪涝应急管理系统总体上由四个层面组成，分别是：灾害监测层、应对决策层、应对措施层和灾后恢复层。其中，灾害监测层由气象监测、地面测控和地下监测组成；应对决策层由数据管理系统、城市洪涝模拟系统、灾害风险评估系统、信息仿真与展示系统和应急管理组织机构组成；应对措施层由灾害的预警预报、应急响应和保障措施组成；灾后恢复层由短期恢复和长期恢复组成。城市洪涝应急管理系统框架如图6.4-1所示。

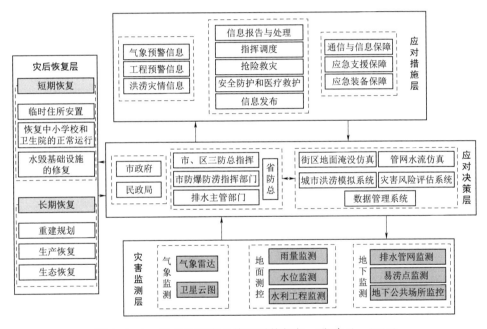

图6.4-1　城市洪涝应急管理系统框架（张建云，2013）

在发生城市较大降雨时，内涝监测、预警服务和高效、科学的应急指挥可以减少市民的生命财产损失。监测、预警信息与应急指挥决策通过信息平台的有效融合，可以提升应急救援效率。在应急救援过程中，将充分融合通信、视频、地理信息平台，利用结构化数字预案，并通过与防灾应急平台互联互通实现物资的充分调配、调用各种应急资源，为应急处置、科学指挥提供有效支持。

6.5　小结

面对突发局部短历时强降雨频次显著增多的现状,大部分城市水文、气象部门还不能及时准确预报其强度和范围。与此同时城市化的快速发展变化也导致预测预报难度加大。数值预报技术是城市暴雨预报的基础,我国城市暴雨预报技术的现状和未来格局是:用于暴雨预报的全球模式已经全面进入中尺度范畴,区域数值预报模式也走向对流可分辨的尺度,集合数值预报技术拓展至对流可分辨领域。

考虑到城市内涝监测能力的提高、精细化暴雨预报技术的发展和社会信息的数字化,从风险管理的需求出发,建议开展基于风险的城市内涝预警。在提供降水时、空、强度等方面的准确率的同时,提供进一步的可能淹没积水的情况及可能对主要承灾体带来的可能经济损失,增强预报预警信息的实用性,提高防灾减灾部署的针对性和有效性。基于风险的预警预报要求实时多方面信息的动态融合,需要建立城市内涝风险信息共享数据库,支撑监测、动态风险评估预警、防灾一体化平台建设,供多部门准确、快速、科学联合应对暴雨洪涝。

我国洪涝灾害应急管理能力不足。目前我国多数城市应急管理体制机制仍不健全,应急监测能力不足,灾害预测预报预警能力不足,预警信息传递不畅,应急预案体系尚不完善,应急保障能力不足,避险宣传教育滞后。

我国城市防洪排涝基础设施标准偏低。城市化进程伴随大规模、高强度的人类开发活动,造成下垫面剧烈变化,河网的退化,排水格局紊乱化,不透水面积增加等现象,大多数城市"重建筑、轻市政""重地上、轻地下"的建设方式增加了城市排水系统的脆弱性。

公众应对城市洪涝的意识和能力薄弱。城市居民对突发洪涝灾害警惕性差,防灾避灾意识和能力薄弱,自救互救知识与能力严重不足,容易导致不必要的人员伤亡。

城市建设和应急管理是一项综合性系统工程,城市洪涝灾害防治除了依靠城市防洪工程建设外,还需要先进的技术手段和管理手段。目前,我国在城市防洪排涝中对这些新技术的应用水平还不高,特别是对城市老管网的布设、抢险、探测还缺乏预先防范的手段和措施。

第7章 结 论 与 展 望

7.1 主要研究结论

随着我国城镇化进程的加快，城市洪涝灾害越发突出，严重影响城市居民的正常生产生活，给城市防洪减灾工作带来巨大挑战。本书在开展国内外深入调研、广泛学术讨论交流、大量阅读文献的基础上，系统总结了"空天地"一体化洪涝信息监测预警及应急管理的研究现状，指出了我国城市防洪应急管理的薄弱环节，必须引起高度重视。

（1）城市暴雨洪涝监测能力不足。我国虽然在城市洪涝信息监测技术方面虽取得了一定的成绩，但城市洪涝信息监测能力严重不足，难以及时为城市抗灾救灾提供支撑。现有城市区域的水文监测站点多布置于城市上下游河道水体，城市内部区域积水的状态测站较少，尤其是城市易积水区的监测和地下管网监测能力不足。应加强城市洪涝信息立体感知及监控建设，采用先进的信息采集装置作为感知前端，实现对空间雨情、街区（特别是易涝点）、河道及地下（管网、地下空间）水情以及水利工程状态的全方位监测。

（2）城市暴雨洪涝信息融合与共享程度较低。城市洪涝信息监测方面存在多头管理和建设现象，造成信息资源浪费和重复。气象信息、城建信息、环境信息、供排水信息等方面分别掌握在相关部门，信息还无法进行整合和融合，信息共享机制还无法得到保证，从而对城市洪涝灾害的决策与调度产生影响。因此，需要建立统一的城市洪涝信息监测系统，同时，要建立与相关部门间的信息共享机制，为城市洪涝灾害的科学决策与调度提供支撑。

（3）城市暴雨洪涝预报预警能力有待提高。面对突发局部短历时强降雨频次显著增多的现状，大部分城市水文、气象部门还不能及时准确预报其强度和范围。与此同时城市化的快速发展变化也导致预测预报难度加大。数值预报技术是城市暴雨预报的基础，我国城市暴雨预报技术的现状和未来格局是：用于暴雨预报的全球模式已经全面进入中尺度范畴，区域数值预报模式也走向对流可分辨的尺度，集合数值预报技术拓展至对流可分辨领域。

（4）我国城市洪涝灾害应急管理能力与应对设施建设不足。我国洪涝灾害应急管理能力不足。目前我国多数城市应急管理体制机制仍不健全，应急监测能力不足，灾害预测预报预警能力不足，预警信息传递不畅，应急预案体系尚不完善，应急保障能力不足，避险宣传教育滞后。我国城市防洪排涝基础设施标准偏低。城市化进程伴随大规模、高强度的人类开发活动，造成下垫面剧烈变化，河网的退化，排水格局紊乱化，不透水面积增加等现象，大多数城市"重建筑、轻市政""重地上、轻地下"的建设方式增加了城市排水系统的脆弱性。公众应对城市洪涝的意识和能力薄弱。城市居民对突发洪涝灾害警惕性差，防灾避灾意识和能力薄弱，自救互救知识与能力严重不足，容易导致不必要的人员伤亡。城市建设和应急管理是一项综合性系统工程，城市洪涝灾害防治除依靠城市防洪工程建设以外，还需要先进的技术手段和管理手段。目前，我国在城市防洪排涝中对这些新技术的应用水平还不高，特别是对城市老管网的布设、抢险、探测还缺乏预先防范的手段和措施。

7.2 建议

目前，我国在城市洪涝防治方面已经取得了显著的成绩，但在频发的城市洪涝灾害面前，如何有效提升城市洪涝灾害治理现代化水平仍面临严峻挑战。今后一定时期，要进一步加强城市洪涝基础研究和技术研发，提高灾害天气和洪涝灾害的预警能力，同时加强城市应急管理，完善应急调度预案。

（1）基于新技术提高城市雨洪信息监测能力与社会服务能力。建立"空天地"一体化监测系统，加强多源信息融合，实现"智慧"管理和服务。基于物联网数据监测仪等传感设备自动采集雨量、水位、排水量等信息。加强城市易积水区的监测能力，建设城市排水管网实时监测体系，建立城市洪涝信息立体监测、实时监控，实现全方位的监测和监视，以降低洪涝灾害所产生的影响。通过移动互联网实时传输给处理平台，在大数据、云计算以及空间信息技术的支持下高效完成海量监测数据的分析、预测、决策以及数据的可视化和动态实时发布，提高专业和社会服务能力。

（2）重视气象预报能力建设。近年来，短期天气预报越来越精准，而城市洪涝灾害大多由短历时暴雨引发，为此，城市气象部门应尽可能保证6h、3h、1h的精准天气预报。同时，还可将短期天气预报视作一项特别定制的服务内容，结合实际情况，为不同区域可能遭受影响的人们提供精准的气象信息，使人们可预知灾害，并提前做好相应的防灾减灾工作。

（3）加强城市洪涝灾害预报预警能力。考虑到城市内涝监测能力的提高、精细化暴雨预报技术的发展和社会信息的数字化，从风险管理的需求出发，建议开展基于风险的城市内涝预警。在提供降水时、空、强度等方面的准确率的同时，提供进一步的可能淹没积水的情况及可能对主要承灾体带来的可能经济损失，增强预报预警信息的实用性，提高防灾减灾部署的针对性和有效性。基于风险的预警预报要求实时多方面信息的动态融合，需要建立城市内涝风险信息共享数据库，支撑监测、动态风险评估预警、防灾一体化平台建设，供多部门准确、快速、科学联合应对暴雨洪涝。

（4）推进海绵城市和暴雨洪涝标准建设。推进海绵城市，改进城区地表硬化方式，采用易渗型铺装方式，实现城市雨水排放方式的多样化；设置城市水域面积率控制指标，积极保留原有河流、湖塘、湿地，扩大调蓄空间。加强暴雨洪涝标准建设，强调城市排水系统规划。建议在新城发展和旧城改造中，坚持规划先行、适当超前的原则，将排水规划作为城市总体规划和专项规划的一个重要部分专门考虑，合理考虑排水标准和排水格局、排水方式。

（5）建立以城市暴雨洪涝预警为先导的应急响应联动机制。健全和完善城市洪涝应急预案，加强城市洪涝应急管理，提升城市管理抗灾减灾能力。建立以暴雨洪涝预警信息为先导的政府应急响应和公众避险自救。各级人民政府根据城市暴雨洪涝的预报警报和预警信号所涉及的范围、强度、影响程度，对可能造成人员伤亡或者重大财产损失的区域及时确定气象灾害危险区予以公告，启动应急预案，组织部署各部门和全社会做好防御工作。建立多部门参加的城市暴雨洪涝预警服务部际联络员会议制度以及信息共享与交换机制，城市暴雨洪涝预警信息早通报制度。各有关部门依据气象灾害预警信息，按照其职责和预案启动响应。社会公众依据预警信息防御指引，主动开展避险自救。

参 考 文 献

白春妮，2008. 为城市暴雨积涝监测添"鹰眼"［N］. 中国气象报.

拜存有，高建峰，2009. 城市水文学［M］. 郑州：黄河水利出版社.

曹杰，朱莉，2011. 现代应急管理［M］. 北京：科学出版社.

程晓陶，李超超，2015. 城市洪涝风险的演变趋势、重要特征与应对方略［J］. 特别关注，25（3）：6-9.

丁一汇，张建云，等，2009. 暴雨洪涝［M］. 北京：气象出版社.

丁志雄，李纪人，等，2013. 洪涝灾害遥感监测［M］. 北京：中国水利水电出版社.

郭纯青，方荣杰，代俊峰，2012. 水文气象学［M］. 北京：中国水利水电出版社.

郭雪梅，任国玉，郭玉喜，等，2008. 我国城市内涝灾害的影响因子及气象服务对策［J］. 灾害学，23（2）：46-49.

国家防汛抗旱总指挥部，2015. 城市防洪应急预案管理办法［R］. 北京：国家防汛抗旱总指挥部.

国家防汛抗旱总指挥部，中华人民共和国水利部，2013. 中国水旱灾害公报 2013［M］. 北京：中国水利水电出版社.

胡德生，2014. 太原市城市水文监测思考及建议［J］. 山西水利，(8)：11-12.

江大伟，2011. 我国城市内涝形成的主要原因及对策［J］. 商业文化，(10x)：1.

林祚顶，刘志雨，2023. 加快构建雨水情监测预报"三道防线"工作思考［J］. 中国水利，(12).

刘学锋，江滢，任国玉，2009. 河北城市化和观测环境改变对地面风速观测资料序列的影响［J］. 高原气象，28（2）：433-439.

罗萍萍，2015. 城市水文监测工作及预警系统研究［J］. 中国水运，15（3）：71-72.

吕兰军，2013. 城市洪涝灾害水文应对措施浅析［J］. 水资源研究，34（2）：1-4.

潘卉，常辉，黄清，2015. 湖北武汉市城市水文防汛监测预警系统建设探讨［J］. 研究探讨，25（3）：68-70.

任国玉，封国林，严中伟，2010. 中国极端气候变化观测研究回顾与展望［J］. 气候与环境研究，15（4）：337-353.

任国玉，郭军，徐铭志，等，2005. 近50年中国地面气候变化基本特征［J］. 气象学报，63（6）：942-956.

任芝花，2003. 中国降水误差的研究［J］. 气象学报，61（5）：621-627.

邵鹏飞，赵燕伟，杨明霞，2016. 城市内涝监测预警信息系统研究［J］. 计算机测量与控制，24（2）：49-52.

水利部水文局，长江水利委员会水文局，2010. 水文情报预报技术手册［M］. 北京：中国水利水电出版社.

田川，2021. 筑牢城市应急管理的"防护网"［J］. 社会科学报，11（1）：1-3.

参 考 文 献

王文鑫，徐义萍，拜存有，2016. 城市水文学 [M]. 成都：西南交通大学出版社.

王翔，赵璞，2014. 我国城市防洪应急管理进展与对策 [J]. 中国水利，(1)：28 - 30.

熊立，2019. 我国城市洪涝灾害防治形势与成因分析 [J]. 气象与环境，(2)：127 - 129.

徐业平，陈祥，2015. 城市内涝成因分析及应急管理对策建议 [J]. 特别关注，25（3）：16 - 21.

杨大庆，施雅风，康尔泗，等，1990. 天山乌鲁木齐河源高山区固态降水对比测量的主要结果 [J]. 科学通报，35（22）：1734 - 1736.

姚国章，2009. 日本灾害管理体系：研究与借鉴 [M]. 北京：北京大学出版社.

姚永熙，2001. 水文仪器与水利水文自动化 [M]. 南京：河海大学出版社.

叶柏生，成鹏，杨大庆，等，2008. 降水观测误差修正对降水变化趋势的影响 [J]. 冰川冻土，30（5）：717 - 725.

俞小鼎，周小刚，王秀明，2012. 雷暴与强对流临近天气预报技术进展 [J]. 气象学报，70（3）：311 - 337.

允爽，刘志强，李娜，2009. 城市内涝实时监测系统初探 [J]. 防灾科技学院学报，11（3）：38 - 40.

张爱英，任国玉，郭军，等，2009.1980—2006 年我国高空风速变化趋势分析 [J]. 高原气象，28（3）：680 - 687.

张建云，2012. 城市化与城市水文学面临的问题 [J]. 水利水运工程学报，(1)：1 - 4.

张建云，2013. 城市洪涝应急管理系统关键技术研究 [J]. 中国市政工程，168：1 - 6.

张建云，唐镇松，姚永熙，2005. 水文自动测报系统应用技术 [M]. 北京：中国水利水电出版社.

张景强，陈海刚，2011. 浅谈城市内涝的原因和对策 [J]. 科教论坛.

张利茹，贺永会，王岩，等，2017. 中国城市洪涝监测现状及洪涝防治对策研究 [C]//邱国玉，曹烨，李瑞利. 面向全球变化的水系统创新研究（中国水论坛 No.15）. 北京：中国水利水电出版社.

张念强，李娜，王艳艳，等，2020. 我国城市洪涝灾害应急管理框架探讨 [J]. 中国防汛抗旱，30（7）：5 - 9.

赵璞，胡亚林，2016. 我国城市防洪应急管理进展与对策 [J]. 中国防汛抗旱，26（6）：1 - 4.

赵璞，彭敏瑞，2015. 国外城市防洪应急管理基本经验及对中国的启示 [J]. 中国防汛抗旱，25（2）：99 - 102.

赵宗慈，罗勇，江莹，2011. 全球大风在减少吗？[J]. 气候变化研究进展，7（2）：149 - 151.

郑永光，周康辉，盛杰，等，2015. 强对流天气监测预报预警技术进展 [J]. 应用气象学报，26（6）：641 - 657.

BRIGHT D R，WEISS S J，LEVIT J J，et al，2008. The evolution of multi - scale ensemble guidance in the prediction of convective and severe convective storms at the Storm Prediction Center. Preprints，24th Conf. Severe Local Storms，Savannah GA.

DAVID R. Maidment，张建云，李纪生，等，2002. 水文学手册 [M]. 北京：科学出版社.

DING Y J，YANG D Q，YE B S，et al，2007. Effects of bias correction on precipitation trend over China [J]. J. Geophys. Res.，112，D13116，doi：10.1029/2006JD007938.

FØRLAND E J, HANSSEN - BAUER I, 2000. Increased precipitation in the Norwegian Arctic: True or false? [J]. Climate Change, 46: 485 - 509.

GOLDING B W, 1998. Nimrod: A system for generating automated very short range forecasts. Meteor Appl, 5 (1): 1 - 16.

GOODISON B E, Louie, YANG D, 1998. WMO solid precipitation measurement intercomparison, final report? [R]. WMO/TD - NO. 872, 212pp.

GOODISON B E, 1981. Handbook of snow [M]. Toronto: Bergamon Press.

GREEN M J, 1970. Effects of exposure on the catch of raingages, symposium on the results of research on representive and experimental basins [J]. Water Res. assoc. tech. pap, 9.

HELMERS A E, 1954. Precipitation measurements on wind - swept slopes Trans [J]. Am. Geophys. Union, 35 (3): 28 - 39.

SEVRUK B, 1974. Correction for the wetting loss of a hellmann precipitation gauge [J]. Hydrological Science Bulletin XIX.

SEVRUK B, 1985. Correction of precipitation measurements [R]. WMO/TD - NO. 104, 13 - 23.

STURGES D, 1984. Comparison of precipitation as measured in gages protected by a modified alter shield, Wyoming shied, and stand of trees [M]. Presented at the West Snow Conference, April, 17 - 20.

VAUTARD R, CATTIAUX J, YIOU P, et al, 2010. Northern Hemisphere atmospheric stilling partly attributed to an increase in surface roughness [J]. Nature Geoscience, 3: 756 - 761.

YANG D Q, GOODISON B E, BENSON C, et al, 1998. Adjustment of daily precipitation at 10 climate stations in Alaska: Application of WMO inter comparison results [J]. Water Resour. Res., 34 (2): 241 - 256.

YANG D Q, ISHIDA S, GOODISON B E, et al, 1999. Bias correction of daily precipitation measurements for Greenland [J]. J. Geophys. Res., 105 (D6): 6171 - 6182.